U0315942

普通高等教育"十四五"规划教材

矿物加工流变学

Rheology in Mineral Processing

陈 伟 龙 涛 编

北 京

冶 金 工 业 出 版 社

2022

内 容 提 要

本书主要介绍了工业悬浮液及其流变学、流变测量学、磨矿过程矿浆流变学、重力选矿过程矿浆流变学、磁流体分选过程流变学、浮选过程流变学、矿浆输送过程流变学等内容。

本书可作为高等院校矿物加工专业的教材,也可供科研院所、厂矿企业等相关矿物加工科技工作者阅读参考。

图书在版编目(CIP)数据

矿物加工流变学/陈伟,龙涛编 . —北京:冶金工业出版社,2022.7
普通高等教育"十四五"规划教材
ISBN 978-7-5024-9211-3

Ⅰ.①矿…　Ⅱ.①陈…　②龙…　Ⅲ.①选矿—流变学—高等学校—教材　Ⅳ.①TD9

中国版本图书馆 CIP 数据核字(2022)第 122936 号

矿物加工流变学

出版发行	冶金工业出版社	电　　话	(010)64027926
地　　址	北京市东城区嵩祝院北巷 39 号	邮　　编	100009
网　　址	www.mip1953.com	电子信箱	service@ mip1953.com

责任编辑　高　娜　美术编辑　彭子赫　版式设计　郑小利
责任校对　葛新霞　责任印制　李玉山
北京虎彩文化传播有限公司印刷
2022 年 7 月第 1 版,2022 年 7 月第 1 次印刷
710mm×1000mm　1/16;8.5 印张;163 千字;125 页
定价 39.00 元

投稿电话　(010)64027932　投稿信箱　tougao@cnmip.com.cn
营销中心电话　(010)64044283
冶金工业出版社天猫旗舰店　yjgycbs.tmall.com
(本书如有印装质量问题,本社营销中心负责退换)

前　　言

　　流变学是描述和评估材料的变形和流动行为的科学。流变学研究的对象主要是流体以及软固体或者在某些条件下可以流动的具有复杂结构的固体物质。针对物质或流体，流变学研究提供了观测、推测流体材料内部结构的窗口，有助于研究者认识流体内部组元之间的联系。在矿物加工领域中，矿浆流体体系是包含了矿物颗粒、溶解药剂、气泡等诸多因素的固-液-气三相复杂体系，并处于一定的流场中。该领域内的矿浆微粒流体具有颗粒易沉降、颗粒之间相互作用复杂的特点，并在矿物加工操作处理中表现出较为复杂的流变学性质，对矿物的分离与富集过程存在较大影响。本书综合介绍了流变学、矿浆流体流变学性质测量与表征等基础知识，以及磨矿过程、重选过程、磁流体分选过程、浮选过程、二次资源处理等过程中的流变学研究，为矿物加工过程的设计与优化提供了参考依据。

　　全书共分为9章。第1章主要介绍了工业悬浮液；第2章主要介绍了流变学；第3章主要介绍了工业悬浮液流变学；第4章主要介绍了流变测量学；第5章主要介绍了磨矿过程矿浆流变学；第6章主要介绍了重力选矿过程矿浆流变学；第7章主要介绍了磁流体分选过程流变学；第8章主要介绍了浮选过程流变学；第9章主要介绍了矿浆输送过程流变学。

　　本书由陈伟、龙涛共同编写。其中，第1~3章、第8章由陈伟编写，第 4~6 章由龙涛编写，第 7 章和第 9 章由陈伟和龙涛共同编写。西安建筑科技大学卜显忠教授在本书编写过程中给予了很多的指导和支持，在此表示衷心的感谢。

　　本书既可作为高等院校矿物加工专业本科生、研究生的教学用书，也可供研究院所、厂矿企业等相关矿物加工科技工作者参考。本书内容涉及的研究获得了国家自然科学基金（51904221）的资助，在此表示感谢。特别感谢西安建筑科技大学资源工程学院对本书出版给予的经费支持（YLZY1403J05）。

　　由于作者水平所限，书中难免存在不足之处，恳请读者批评指正。

作　者

2021 年 3 月于西安

目　　录

1 工业悬浮液

1.1 概　述

工业悬浮液是指与工业生产有关的固-液两相体系或者包含气相的多相体系，其中，固相或者气相一般是分散相，液相一般是连续相。

在自然界与人类的工业生产中，常见的多相体系均为工业悬浮液，例如常见的工业流体、食品、生物流体、聚合物流体等，举例如下。

（1）工业流体：地幔、泥浆、泥沙、高含沙水流、水煤浆、陶瓷浆、石油、磁浆、家蚕丝再生溶液、钻井用的洗井液和完井液、纸浆、油墨、涂液、油漆、牙膏、泡沫、液晶、泥石流等。

（2）食品行业：淀粉液、淀粉糊、蛋清、浓菜汤、炼乳、巧克力熔融体、琼脂、果酱、酱油、面团、番茄汁、苹果浆、土豆浆、糖稀、米粉团、植物油、动物油，以及鱼糜、肉糜、糜状食品物料等。

（3）生物流体：细胞质、血液、淋巴液、细胞囊液等。

（4）聚合物：各种工程塑料、聚乙烯、PVS 熔体、聚氯乙烯、尼龙 6、涤纶、橡胶溶液、赛璐珞、化纤熔体、化纤溶液、聚丙烯酰等。

在工业生产中，工业悬浮液的多分散性、分散相之间的相互作用以及悬浮液的流体动力学是工业悬浮液的基本特征，同时也是改善工业悬浮液的加工处理效果、提高经济价值等工业化操作的主要方面。

1.1.1　工业悬浮液的多分散性

工业悬浮液中分散相的粒度分布一般比较广，常见的固液混合物体系按照分散相的粒径分类如表 1-1 所示。固液混合物中固体分散质的粒径不同，整体上悬浮液的沉降特点与稳定性也不相同。

表 1-1　固液混合物体系分类

种类	分散质粒径/nm	特点	实例
悬浊液	>100	不均一、不稳定	泥沙、混凝土
悬浮液	1000~100000	不能很快下沉	沙土、微细粒浆体
胶体	1~100	稳定胶粒、均匀分散	胶体氧化铁

种类	分散质粒径/nm	特点	实例
高分子溶液	取决于分子直径	真溶液、均匀分散	淀粉溶液
分子离散体系	<1	真溶液、均匀分散	普通无机物、有机物稀溶液

对于工业悬浮液，多分散性是其基本特征。工业悬浮液中的固体分散质颗粒的粒度往往呈广谱分布。一般来说，生产实践中的工业悬浮液中颗粒的粒度在 100μm 以下。例如，金属矿山或者洗煤厂浮选厂中经磨矿作业以后的矿浆，其中固体颗粒的平均粒度约在 50μm，一般选用低于 74μm 颗粒含量百分数来表征该悬浮液的细度特征。而在某些浮选体系中，最大颗粒的粒径甚至可能超过 500μm，例如台浮过程中的大颗粒天然疏水性很强的硫化矿颗粒。在石油钻井液中，存在大量的低密度固体颗粒，如膨润土、钻屑等，这些颗粒的粒度较细，一般形成钻井泥浆，其粒度一般在 50μm 以下，而某些钻井液的加重材料，如重晶石，粒度则较大，一般在 2~74μm。常见黏土矿物由于硬度小、易泥化，因而在浮选矿浆中的粒度一般在 10μm 以下，而做成相应的黏土矿物材料以后，粒度分布可能根据材料需求而有不同的变化，甚至可能达到 0.1μm 级别。工业中大多数的颜料，其悬浮液中颗粒的平均粒径低于 0.1μm，例如钛白粉 0.2~0.3μm，锌白 0.2μm，铁红 0.3~0.4μm，炭黑 0.01~0.3μm。在某些精密材料或者微纳材料的合成过程中，可以产生粒级分布非常窄的固体颗粒或者气体悬浮液，例如利用特定频率超声波处理产生的纳米气泡悬浮液，其粒径分布一般能控制在 800~900nm 窄范围，或者一些类似于胶体颗粒的亚分散的颗粒悬浮液。在矿山开采以后的回填工艺中，回填膏体也是一种工业悬浮液，其中固体颗粒的粒径较粗，分布也较广，一般平均粒径可能达到 100μm。上述所有与工业生产过程相关的悬浮液统称为工业悬浮液。

工业悬浮液中固体颗粒的粒径分布不但广，而且颗粒的形貌形状也千差万别。例如大多数硬度较大的金属粉末，经破碎磨矿后呈类球状（globule-like），而常见的煤颗粒、石英颗粒在浮选矿浆中呈现出多角状，滑石、石墨、云母等层状矿物一般呈现出片状，纤蛇纹石、部分植物纤维则在悬浮液中表现为纤维状、丝状等。形状的不同，也会导致颗粒在工业悬浮液中的行为具有较大的差异。

工业悬浮液中固体颗粒的粒度分布、形状相貌决定了它既有悬浊液、胶体溶液的某些特征，也并不完全等同于悬浊液或者胶体溶液，有研究称类似的工业悬浮液为胶态-非胶态混合悬浮液。在工业悬浮液中，不论任何粒度任何形貌的颗粒，在悬浮液中都受到液体分子热运动的无序碰撞而发生扩散位移（又称为布朗位移）。悬浮液中颗粒粒度越小，质量越小，受到的液体分子热运动的碰撞产生的位移越大，整个悬浮液越趋向于均匀分散。同时，在悬浮液中，颗粒均受到重力的作用。悬浮液中颗粒粒度越小，质量越小，由重力引起的沉降位移越小。因此，扩散位移与沉降位移随着悬浮液中颗粒粒度的变化有一个交叉点，位于颗粒粒度 $1.0 \sim 2.0 \mu m$ 之间，即颗粒粒径大于这一范围，颗粒的重力沉降位移对悬浮液中颗粒的位移行为起主要作用，颗粒粒径小于这一范围，颗粒的扩散位移对悬浮液中颗粒的位移行为起主要作用。

1.1.2　工业悬浮液中分散相的相互作用

在工业悬浮液中，不光存在液体分子对固体分散相颗粒的碰撞作用，还普遍存在固体分散相之间的相互作用，这种相互作用与分散相颗粒的粒径、形状形貌有着密切联系。

对于粒径较粗的颗粒，在工业悬浮液中，分散相的相互作用主要体现为简单的机械作用，例如相互摩擦、碰撞、挤压等；对于粒径较细的颗粒，分散相之间的相互作用主要是表面力，这种表面力结合流体动力的作用可能会导致细颗粒发生相互吸引聚集成团或者互相排斥稳定分散；对于由粒径较小的颗粒凝聚或者絮凝形成的粗颗粒，分散相之间的相互作用还包括这种次生粗颗粒与细颗粒之间的包裹效应，以及次生粗颗粒与原生粗颗粒之间的擦洗效应。

对于不同形状相貌的颗粒，在工业悬浮液中表现出的相互作用更为复杂。一般认为，具有类球状、多角状的颗粒之间一般为简单的吸引或者排斥，具有层状的颗粒之间一般为特定取向的聚集，具有纤维状的颗粒之间一般具有相互缠绕效应，表现为聚集行为。

在工业悬浮液中，分散相的固体颗粒不能看作是彼此孤立、隔断的，也不能看作是性质稳定的均匀体系。工业悬浮液中分散相之间存在密切的相互作用，颗粒之间的聚集、分散受到多种物理、化学因素的作用，因而可以进行人为调控达到特殊处理的目的。

1.1.3　工业悬浮液流体动力学

目前，大多数工业悬浮液在加工处理过程中，均处于特定的流场中。在流场中，为避免颗粒由于重力因素导致的沉降或者强化颗粒的沉降，必须设计一定的流体动力学强化颗粒的行为。一般而言，工业中通过机械搅拌、喷射混合、超声处理等办法能够实现工业悬浮液流体动力学控制的目的。

例如在金属矿、非金属矿等的浮选作业中，一般采用搅拌桶作业，促进矿浆的均匀分散，或者促进某些矿物颗粒的特殊聚集；有的特殊搅拌桶会设置特定的流场，促进矿浆中颗粒之间的选择性作用；也有研究使用超声波处理，促使微细粒的有效分散；而在浓密池作业中，又需要强化颗粒的重力沉降，促进固液分离，在这种情况下，利用浓密机的作业，使浓密池中产生能够促进重力沉降的流场，进而达到促进工业悬浮液固液分离的目的。

1.1.4　工业悬浮液特殊的流变性

工业悬浮液的多分散性、分散相之间的相互作用、流体动力学等因素共同决定了工业悬浮液具有特殊的流变性。在工业悬浮液中，存在液体分子之间的相互作用、液体分子与分散相之间的相互作用、分散相颗粒之间的相互作用，且整个体系处于特定的流体动力学状态中，因此工业悬浮液在加工、处理过程中体现出的流变学行为比理想流体（如水、空气）等更加复杂。

基本上所有的工业悬浮液都是非牛顿流体，而对于不同粒度、性质的工业悬浮液，其流变学行为受到体系中分散颗粒的形状、粒度、分散度、颗粒表面溶剂化作用、表面电荷、体系温度影响非常大，表现出的悬浮液表观黏度、屈服应力等流变学性质也具有很大的差异。在不同的悬浮液类型中，讨论的重点也不同，本书将在第 6~9 章予以详细介绍。

1.2　工业悬浮液加工过程的要素

一般来说，工业悬浮液加工过程包括四大要素：分散相-固体颗粒、连续相-液体、反应器、作用力。工业悬浮液主要由分散相-固体颗粒（有时有气泡参与）及连续相-液体组成，在其加工过程中，工业悬浮液又处于一定的反应容器中，在物理场、由物理场产生的各种外力及源于界面相互作用的内力作用下，表现出其特殊的加工行为。

在工业悬浮液的加工过程中，分散相-固体颗粒的性质包括：颗粒的几何特征，如粒径大小、粒度分布、颗粒形貌、孔隙度等；颗粒的物理性质，如密度、硬度、导电性、磁性、表面电性、表面亲疏水性等；颗粒的化学性质，如氧化性、还原性、可溶性、化学反应活性等。连续相-液体需要考虑的因素包括：液体的类型，如有机液体或者无机液体；液体分子结构；液体极性，如极性液体或者非极性液体；液体的密度、黏度、屈服应力、介电常数、离子组成等。绝大部分的工业悬浮液的加工过程需要在一定的容器内进行，因此反应器需考虑的因素包括：几何特征，如反应器的尺寸、形状、主要工艺参数（能量输入方式与大小、温度、压力等）；反应器的作业特征，如连续作业、间断作业等形式。作用力需考虑的因素主要有内力与外力：内力如颗粒表面力、近流体阻力、热扩散力；外力如重力、加速力、电磁场力、流体剪切力等。

工业悬浮液中固体颗粒与液体的相互作用、固体颗粒之间的相互作用对于认识了解悬浮液的性质及工业悬浮液的加工至关重要。从微观角度看，固体颗粒与液体之间的相互作用表现为特殊的固液界面性质，例如分子的吸附导致的表面性质的变化（表面电性、表面疏水性、表面溶解、表面化学反应等），固体颗粒与固体颗粒之间的相互作用表现为颗粒之间的排斥效果或者吸引效果。前者可能导致悬浮液进入极为稳定的分散状态，后者一般表现为颗粒之间的凝聚或者絮凝。从宏观角度看，悬浮液内部各相之间的相互作用（特别是颗粒之间的相互作用）共同决定了悬浮的流变性，反映了一定的悬浮液内部结构。

1.3　工业悬浮液中颗粒间的相互作用

当工业悬浮液浓度较高时，颗粒之间的相互作用主导悬浮液整体的流动、剪切、变形等性质。

1.3.1　颗粒间作用形式

有研究者将悬浮液中颗粒之间的相互作用形式归纳为以下四种。

1.3.1.1　"硬"作用

对于表面惰性（或者说"中性"稳定）的悬浮液固体颗粒，可以认为这些分散相都是以固定半径为 R_{HS} 的坚硬球体存在，而颗粒本身的半径为 R，R_{HS} 比 R 稍大。当悬浮液中颗粒之间的距离小于 R_{HS} 时，颗粒之间产生巨大的排斥力，相互之间的排斥能急剧增大。当悬浮液中坚硬球体的最大浓度 C_{HS} 被超过后，悬浮液就会由"流体"转变为"固体"。这是因为悬浮液中颗粒由于长时间沉积达到一种堆积密实的状态。这种"硬"作用一般主导颗粒粒度较粗、颗粒形貌为球形或者多角形的颗粒悬浮液。

1.3.1.2　"软"作用

对于具有双电层的静电稳定性工业悬浮液中，由于静电排斥作用主导颗粒之间的相互作用，因此颗粒之间的作用能实际上来源于颗粒双电层的叠加。在这种情况下，作用能-距离曲线一般为指数形式，在作用距离变短或者说双电层进一步叠加时，颗粒之间作用能急剧增加。以 R_{eff} 表示颗粒发生作用的半径，则 R_{eff} 比颗粒半径 R 大数倍。

在流变特性上，具有"软"作用的工业悬浮液一般可以表现出较为明显的黏弹性。在悬浮液中电解质浓度增大的情况下，颗粒表面双电层厚度被压缩，颗粒作用能量与距离关系变陡，此时颗粒之间的作用由"软"作用逐渐向"硬"作用转变。

1.3.1.3　空间作用

当工业悬浮液中包含溶解的表面活性剂或者大分子时，在颗粒表面形成一定的吸附层，此时颗粒的相互作用发生在吸附层的叠加过程中。当颗粒之间的距离小于药剂吸附层厚度的两倍时，颗粒之间的相互作用能变得越来越大。当药剂吸附层厚度相对于颗粒半径很小时，颗粒间作用表现出"硬"作用，作用半径 R_{eff} 近似等于颗粒半径与药剂吸附层厚度 δ 之和，即 $R_{eff} = R + \delta$。

在考虑由于药剂吸附造成的空间作用时，是假设颗粒间不存在静电相互作用，即药剂为非离子表面活性剂或者是高分子药剂吸附并且添加了足够量的电解质的情况（此时大量的电解质压缩了双电层）。当颗粒半径比吸附层厚度大很多时，颗粒间的相互作用只发生在颗粒浓度较大的情况下；当颗粒半径较小药剂吸附层厚度较大时，颗粒之间的相互作用越来越向"软"作用倾斜。这种空间作用具有远距离的性质，即发生在距离颗粒表面较远的范围，因此在颗粒浓度较低的情况下也有比较明显的相互作用。在流变特性上，具有空间作用的悬浮液流变性一般体现为黏弹性，某些悬浮液甚至可以表现出一定的超结构，体现为具有明显的屈服应力。

1.3.1.4 范德华作用

范德华作用普遍存在于所有分散体系中，是一种长程作用力。范德华作用的大小取决于颗粒的半径与颗粒的性质，颗粒的性质以 Hamaker 常数确定。范德华作用力的作用距离明显大于颗粒半径。在颗粒之间的分离距离较宽的范围内，范德华吸引力在颗粒受到的所有作用力中都起着重要作用。例如，对于静电稳定性悬浮液，范德华引力在颗粒远距和近距范围都起着主导作用。

1.3.2 颗粒的凝聚与分散

工业悬浮液中，分散相固体颗粒的凝聚与分散直接决定了整体的流变性。对于可以流动的工业悬浮液来说，对体系中颗粒的凝聚、分散起作用的主要是颗粒表面双电测造成的静电作用力、表面药剂吸附层叠加造成的相互作用力、范德华相互作用力以及颗粒相互靠近时产生的附加压力（等效于颗粒间的黏结力，促进颗粒凝聚）等。

对于不考虑药剂吸附以及颗粒表面水吸附层的作用时，一般仅需要考虑颗粒之间的静电排斥力与范德华吸引力来确定颗粒的凝聚、分散状态。在胶体化学领域内，有比较成熟的 DLVO 理论用以确定颗粒之间的相互作用能：

$$V_T^D = V_A + V_R \tag{1-1}$$

式中，V_T^D 为颗粒间相互作用总能量；V_R 为颗粒之间的双电层排斥能；V_A 为颗粒之间范德华吸引能。下面分别介绍该公式中两种作用能的计算依据。

当颗粒表面距离相对于颗粒半径较小时，球形颗粒间范德华吸引能 V_A 用式（1-2）表示：

$$V_A = -\frac{Ad}{24s} \tag{1-2}$$

式中，A 为 Hamaker 常数；d 为颗粒直径；s 为颗粒表面距离。

当双电层厚度相对于颗粒半径较小时，即 $1/k<d/2$，两个球形颗粒间双电层排斥能为：

$$V_R = \left(\frac{\varepsilon\,\varphi^2 d}{4}\right) \ln[\,1 + \exp(-ks)\,]　\qquad (1\text{-}3)$$

总势能随颗粒之间的距离变化规律如图 1-1 所示。由图 1-1 可知，在近距和远距时，颗粒之间的范德华吸引能占据主导地位，在中等距离时，颗粒之间的静电排斥能占主导地位。在这两者之间，存在一个势能垒 V_m。

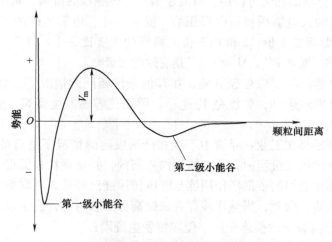

图 1-1　颗粒之间作用势能与距离的关系

当颗粒间距离处于第二极小能谷时，可能产生较弱的凝聚或者絮凝，尤其对于板状或棒状等不规则颗粒，由于作用面积增大，第二能谷变深，更易于形成凝聚。但是这种弱凝聚，在外力作用下容易使颗粒分散。颗粒的动能超过能垒 V_m，则颗粒间就能靠近到第一极小能谷而形成较强的凝聚。为使浆体稳定不发生凝聚，就要提高能垒，即增大颗粒间的双电层排斥能。增大 φ 和颗粒表面电位可以提高浆体的稳定性。

Riddick 研究了 ξ 电位与浆体稳定性的关系，如表 1-2 所示。

表 1-2　ξ 电位与浆体稳定性的关系

浆体稳定特征	ξ 电位/mV
极强的凝聚	0~+3
较强的凝聚	+5~-5
临界凝聚	-10~-15
临界分散	-16~-30

浆体稳定特征	ξ 电位/mV
中等稳定	$-31\sim-40$
较好的稳定性	$-41\sim-60$
好的稳定性	$-61\sim-80$
极好的稳定性	$-81\sim-100$

应用表 1-2 可以半定量地确定浆体的稳定性。

在工业悬浮液的加工过程中，有时还需要促进颗粒的凝聚、絮凝、聚团行为，这时候，需要加入电解质使双电层压缩，使 φ 减小。电解质的浓度服从 Schulze-Hardy 法则，即所需 1 价、2 价和 3 价反离子的浓度比为 $1:(1/2)6:(1/3)6$ 或 $100:16:0.13$。通常 F^{3+}、Al^{3+} 和 Ca^{2+} 是有效的凝聚剂。

颗粒的总势能与颗粒粒径有关，在其他条件相同的情况下，势能垒 V_m 与粒径成正比，即颗粒越细，势能垒 V_m 越小，因而更容易发生凝聚，或者说颗粒越细越难以分散。

但上述判断是在工业悬浮液中不存在药剂吸附的情况下进行的。而实际上，在工业悬浮液的加工过程中，常常需要加入药剂，并在颗粒表面形成吸附层，此时仅仅考虑颗粒之间的范德华作用能与静电排斥能已经难以对颗粒间相互作用能进行准确的判断，因此，当悬浮液存在长链高分子吸附时，发生以下两种作用：

（1）由于高分子的桥连作用，使颗粒发生凝聚；

（2）由于吸附层的空间排斥，阻止颗粒的凝聚。

也正是由于这两种相反的作用，使浆体颗粒易于形成絮网结构，这将对悬浮液的流变学性质产生很大的影响。具体内容在第 3 章第 6 节中予以详细讨论。

思考与练习题

1-1 简述工业悬浮液的定义。

1-2 列举工业悬浮液的特征。

1-3 列举工业悬浮液加工过程的主要要素。

1-4 工业悬浮液中颗粒之间的相互作用主要有哪些？

1-5 根据 DLVO 理论，以萤石-石英体系为例，计算颗粒（假定直径均为 $5\mu m$）之间的相互作用能。

参 考 文 献

[1] 王淀佐，邱冠周，胡岳华. 资源加工学 [M]. 北京：科学出版社，2015.

[2] 杨小生，陈荩. 选矿流变学及其应用 [M]. 长沙：中南工业大学出版社，2000.

［3］谢广元．选矿学［M］．徐州：中国矿业大学出版社，2016.

［4］BOGER D V. Rheology and the minerals industry［J］．Mineral Procesing and Extractive Metallurgy Review，2000，20（1）：1~25.

［5］卢寿慈．工业悬浮液［M］．北京：化学工业出版社，2003.

2 流　变　学

本章介绍了流变学的基本研究范畴与概念定义，以及流变学的产生与发展，从而帮助读者认识现代流变学及其应用的概况。

2.1　流变学概述

2.1.1　流变学的发展与由来

"流变"这一术语源自古希腊中的单词"rhei"，意思为"万物皆流"。在一些古代欧洲的药店中，药瓶上标记有"rhei"单词表明瓶内盛装的物质为液体。

1676年，英国科学家胡克提出了著名的胡克定律，即物体受到的形变与受到的力成正比，奠定了弹性力学的基础。1687年，英国科学家牛顿研究了黏性液体的剪切速率与剪切应力的关系，发现黏性流体的流动阻力与流动速度成正比，即牛顿黏性定律，开启了黏性流体力学的开端。油漆、玻璃、混凝土，以及金属等工业材料，岩石、土、石油、矿物等地质材料，以及血液、肌肉骨骼等生物材料的性质研究过程中，发现使用古典弹性理论、塑性理论和牛顿流体理论已不能说明这些材料的复杂特性，于是就产生了流变学的思想。英国物理学家麦克斯韦和开尔文很早就认识到材料的变化与时间存在紧密联系的时间效应。在1869年麦克斯韦进一步认识到弹性的材料，又可以是黏性的。对于黏性材料，应力不能保持恒定，而是以某一速率减小到零，其速率取决于施加的起始应力值和材料的性质。这种现象称为应力松弛。许多学者还发现，应力虽然不变，材料棒却可随时间继续变形，这种性能就是蠕变或流动。1905年，德国科学家爱因斯坦针对含有固体悬浮液的流体，提出了悬浮液黏度方程：

$$\mu = \mu_s(1 + 2.5\Phi) \tag{2-1}$$

式中，μ为悬浮体黏度，$Pa \cdot s$；μ_s为介质的黏度，$Pa \cdot s$；Φ为固体体积分数，%。该公式只适用于体积分数小于2%的低浓度的悬浮液的黏度计算。在生产实践中，人们逐渐发现，悬浮颗粒的粒度、形状、分散状态等因素均对悬浮体的黏度有较大的影响，因而仅仅使用固体浓度百分数来表征悬浮体的黏度是很不全面的。在微细颗粒的悬浮体中，悬浮体的黏度远远大于粗粒悬浮体的黏度，加上微细粒颗粒特有的性质如表面积大、溶解度大等特点，其悬浮体黏度更加难以简单地按照上述黏度方程表述。经过长期探索，人们终于得知，一切材料都具有时间效应，于是出现了流变学，并在 20 世纪 30 年代后蓬勃发展。直到 1920 年，美国科学家宾汉（Bingham）以连续介质力学、胶体化学为基础，才正式提出"流变学"的概念。Bingham 开展了一系列关于材料流动与变形的研究，创办了《流变学杂志》，是流变学的奠基者，在悬浮胶体、油漆涂料、水泥材料等方面进行了大量的探索与研究。通过研究剪切速率与剪切应力的关系，宾汉发现对某些材料而言，只有在施加的剪切应力超过或者达到临界值（即后来确定的屈服应力）时，才会发生显著的变形与流动。1939 年，荷兰皇家科学院成立了以伯格斯教授为首的流变学小组；1940 年英国出现了流变学家学会。当时，荷兰的工作处于领先地位，1948 年国际流变学会议就是在荷兰举行的。法国、日本、瑞典、澳大利亚、奥地利、意大利、比利时等国也先后成立了流变学会。之后，人们将这一类的流体称为宾汉体，并在此基础上发展并进一步丰富了常见的流体类型，如油、蜂蜜、洗发剂、护手霜、牙膏、蜜饯、果冻等。

2.1.2 流变学的研究内容

流变学是研究材料流动与变形的发生与发展的一般规律的科学。其研究对象包括流体、固体及介于两者之间的悬浮体，例如橡胶、塑料、油漆、玻璃、混凝土，以及金属等工业材料，泥浆、污泥、悬浮液、岩石、土、石油、矿物等地质材料，以及血液、聚合物、食品、体液、肌肉骨骼等生物材料，这些流体的特点是均具有复杂的内部结构。生产中常见的工业悬浮液，也属于流变学的研究范畴。

流变学的任务是将材料的物理力学性质与应力、应变、时间等物理量用一个或者几个方程联系起来，这样的方程称为材料的流变状态方程或本构方程。从这一点讲，胡克定律与牛顿定律是最简单最基础的本构方程。胡克定律描述了固体材料弹性与应力、应变的关系，而后者描述了流体的黏性与应力、应变速率的关系。从极长的时间尺度或者讲，固体材料也具有黏性，从极短的时间尺度看，流体材料也具有弹性。因此，流变学的研究范畴包括建立悬浮体黏性、弹性的本构方程。

随着生产需求的增加，流变学在很多领域得到了应用和发展，目前已经形成材料流变学、生物流变学、浆体流变学等。其中，材料流变学研究聚合物材料、各种建筑材料、化工材料的流变性，生物流变学涉及生物流体的流变性，而浆体流变学则研究各种悬浮体的流变性。在这些基础之上，根据各个领域的发展方向，又不断衍生出各种领域的流变学研究，例如高分子材料流变学、断裂流变力学、土流变学、岩石流变学以及应用流变学等。从物质形态来划分，流变学又可以分为固体流变学、流体流变学、悬浮体流变学。

流变学研究内容是各种材料的蠕变和应力松弛的现象、屈服值以及材料的流变模型和本构方程，在此做简要介绍。

材料的流变性能主要表现在蠕变和应力松弛两个方面。蠕变是指材料在恒定载荷作用下，变形随时间而增大的过程。蠕变是由材料的分子和原子结构的重新调整引起的，这一过程可用延滞时间来表征。当卸去载荷时，材料的变形会部分地回复或完全地回复到起始状态，这就是结构重新调整的另一现象。

材料在恒定应变下，应力随着时间的变化而减小至某个有限值，这一过程称为应力松弛。这是材料的结构重新调整的另一种现象。蠕变和应力松弛是物质内部结构变化的外部显现。这种可观测的物理性质取决于材料分子（或原子）结构的统计特性。因此在一定应力范围内，单个分子（或原子）的位置虽会有改变，但材料结构的统计特征却可能不会变化。

当作用在材料上的剪应力小于某一数值时，材料仅产生弹性形变，而当剪应力大于该数值时，材料将产生部分或完全永久变形，则此数值就是这种材料的屈服值。屈服值标志着材料由完全弹性进入具有流动现象的界限值，所以又称弹性极限、屈服极限或流动极限。同一材料可能会存在几种不同的屈服值，比如蠕变极限、断裂极限等。在对材料的研究中一般都是先研究材料的各种屈服值。

在不同物理条件下（如温度、压力、湿度、辐射、电磁场等），以应力、应变和时间的物理变量来定量描述材料的状态的方程，叫作流变状态方程或本构方程。材料的流变特性一般可用两种方法来模拟，即力学模型和物理模型。

在简单情况（单轴压缩或拉伸，单剪或纯剪）下，应力应变特性可用力学流变模型描述。在评价蠕变或应力松弛试验结果时，利用力学流变模型有助于了解材料的流变性能。这种模型已用了数十年，它们比较简单，可用来预测在任意应力历史和温度变化下的材料变形。

力学模型的流变模型没有考虑材料的内部物理特性，如分子运动、位错运动、裂纹扩张等。当前对材料质量的要求越来越高，如高强度超韧性的金属、高强度耐高温的陶瓷、高强度聚合物等。对它们的研究就必须考虑材料的内部物理特性，因此发展了高温蠕变理论。这个理论通过考虑了固体晶体内部和晶粒颗粒边界存在的缺陷对材料流变性能的影响，表达出材料内部结构的物理常数，亦即材料的物理流变模型。

2.1.3 流变学的研究意义

流变学测量是观察高分子材料内部结构的窗口，通过高分子材料，诸如塑料、橡胶、树脂中不同尺度分子链的响应，可以表征高分子材料的相对分子质量和相对分子质量分布，能快速、简便、有效地进行原材料、中间产品和最终产品的质量检测和质量控制。流变测量在高聚物的分子量、分子量分布、支化度与加工性能之间构架了一座桥梁，所以它提供了一种直接的联系，帮助用户进行原料检验、加工工艺设计和预测产品性能。

在石油工业中，大量使用钻井泥浆来润滑钻头，从而使岩石碎片顺利地从油井中排出，这要求泥浆在剪切过程中表现出较低的黏性（表观黏度要低），而在静止的时候表现出很高的稠度（屈服应力要大），使得排除的岩石碎片不发生沉降，在这个过程中，钻井泥浆的流变特性是钻井过程中的重要因素。

在油漆、涂料等材料的使用中，材料的"可刷性"是决定材料等级、质量的重要因素。良好的油漆涂料要求流动性要好，在涂刷后不留下明显的"痕迹"，又不能产生"流挂"现象，这就要求黏度要高。

在医学领域，对人体血液流变性的研究也有很多。血液是一种悬浮体，它在流变学上的复杂性主要有以下原因：微米级别的红细胞超过40%的体积浓度，分散质为高分子蛋白质，其本质上表现出非牛顿流体的特性。实验证实，在较高剪切速率（大于$100s^{-1}$）时，血液可以近似看作牛顿流体，而在较低剪切速率时（小于$0.1\sim0.5s^{-1}$），是触变性流体。根据人的血流变曲线可以判断出血液具有一个临界切速D_{cr}值。对正常人来说，该值一般在$10s^{-1}$以下，此时全部红细胞没有聚集现象，而严重高脂血症患者的D_{cr}值可高达$50s^{-1}$或者$100s^{-1}$，甚至更高。若红细胞表面负电荷减少，则其聚集数增加，引起血液黏度η增加；若红细胞变形性降低，则刚性增加，血液黏度也会增加。对高血压、高胆固醇患者而言，其血液黏度也会升高很多。由于血液黏度升高，血液在血管中的流动阻力增大，加重心脏负担，有害健康，因此，对于高血液黏度患者而言，必须积极治疗降低血液黏度，使其保持在一个合理的范围内。在血液病治疗中，利用血液的流变性变化，不仅可以判断病变状态，还可以研究药物对血流变的影响，了解药物疗效。

在建筑材料工业中，新拌水泥砂浆和混凝土，在泵送和施工过程中要求物料具有较好的流动性（要求表观黏度较低），但同时需要少加水以提高物料凝固后的强度（屈服应力），因而一般在砂浆混凝土中加入减水剂以提高流动性。

在煤炭工业中，水煤浆是一种常见的悬浮体，也是一种新型以煤代油的液体燃料，在输送、燃烧、储存过程中都与水煤浆的流变性有关，在不同的剪切速率下，水煤浆的流变性不同，表现出的性能也有很大的区别。

在矿物加工过程中，矿物加工过程中的矿浆是由不同粒度、不同表面性质的矿物颗粒与水溶液以及浮选药剂组成的固体悬浮液，属于典型的非牛顿流体。矿浆流变学是研究矿物加工过程中矿浆流体在外加剪切应力作用下流动与变形性质的学科。通过研究矿浆在矿物组分、粒度组成、化学药剂、外加力场等因素作用下变形与流动的规律，分析矿浆流体中由于矿物颗粒（包括矿石矿物与脉石矿物）粒度与表面性质差异引起的矿浆整体黏度、屈服应力、黏弹性等流变特性的变化规律，揭示矿浆中矿物颗粒之间的相互作用与聚集分散行为，为磨矿、重悬浮液分选、浮选、输送、过滤分离等矿物加工过程研究提供参考依据。矿浆流变学的研究结果（如矿浆黏度、屈服应力、黏弹性等）既体现了矿浆流体的宏观性质，又可以清楚地阐明矿浆流体中矿物颗粒由于粒度、表面亲/疏水性不同而产生的相互作用形成的浆体结构，进而明确矿浆结构对上述矿物加工微观过程的影响，实现过程指标的优化。随着矿浆中颗粒粒度、颗粒含量的变化，矿浆的流变曲线有很大的不同。研究矿浆流变性，深入了解流体宏观性质与矿物加工微观过程，在提升矿物资源处理效率方面有广阔的应用前景。

2.2 流体的流动

2.2.1 流体简介

流体是能流动的物质，它是一种受任何微小剪切力的作用都会连续变形的物体。流体是液体和气体的总称。它具有易流动性、可压缩性、黏性。流体是与固体相对应的一种物质形态。

对固体来说，当有剪切应力 $\tau(\text{Pa})$ 施加时，固体材料产生形变 $\gamma(\%)$，两者之间的关系为：

$$\tau = G\gamma \tag{2-2}$$

式中，G 为固体的弹性模量，Pa，属于固体材料的物理性质常数，可以反映出固体材料抵抗变形的能力。

对流体而言，在静止状态时，向其施加剪切应力 τ，流体不能抵抗剪切力，也不能保持其原有的形状，产生一定的形变或者运动；当流体处于一定的流动速度时，面对外部施加的剪切应力 τ，由于流体内部的摩擦力，可以表现出一定抵抗力。与固体材料类似，对流体而言，剪切应力 $\tau(\text{Pa})$ 与形变速率 $du/dy(\text{s}^{-1})$ 两者之间的关系为：

$$\tau = \eta du/dy \tag{2-3}$$

式中，η 为黏性系数、黏度、动力黏度，$\text{Pa} \cdot \text{s}$，是流体的物理性质常数，反映了流体抵抗运动的能力，该公式又被称为牛顿定律。η 与流体密度 ρ 的比值 ν，称为运动黏度。du/dy 又叫剪切形变速率、切变率，一般使用 $\dot{\gamma}$ 表示，单位为 s^{-1}。因此公式（2-3）又可以写成：

$$\tau = \eta\dot{\gamma} \tag{2-4}$$

对于常见的流体，其流动行为符合公式（2-4）的称为牛顿流体，空气、水、甘油以及低浓度的浆体等都属于牛顿流体；不符合公式（2-4）的称为非牛顿流体。常见流体根据流动过程中剪切应力与剪切速率关系的不同进行分类，见图2-1可分为以下几类。

从流体的微观结构观看，流体抵抗运动的能力，即黏度，来源于流体内部相

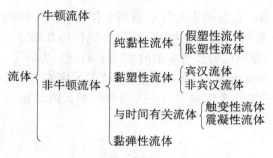

图 2-1 常见流体分类

邻分子间的吸引力和分子不规则运动所产生的动量交换。

在流体中，相邻流层间具有吸引力，为使流体流动必须克服这种吸引力，这种力也表现为剪切应力。由此产生的剪切应力与流体分子间的距离有关，分子间距离越近，吸引力越大，因此，流体的黏度与相邻分子间的吸引力有关。当温度、压强发生变化时，流体内部相邻分子之间的吸引力也发生变化，导致流体黏度也发生变化。

温度对气体黏度和液体的黏度影响不同，气体的黏度随温度升高而增大，而液体黏度则随温度升高而降低。压力增加分子间距离缩短，分子间吸引力增大，黏度增大。通常压力不大时，压力的影响可忽略。

由于流体分子的不规则运动，流体在流动时速度较快的流层中的分子与速度较慢流层中的分子产生动量交换，因此在相邻流层间产生内应力，即剪切应力，如图 2-2 所示。

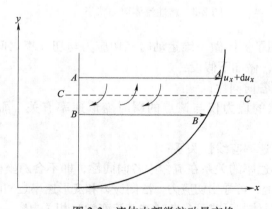

图 2-2 流体内部微粒动量交换

2.2.2 牛顿流体的流动

在流体分析中，一般会引入一个微元流体的概念，便于解释流体受到的应力状态，如图 2-3 所示。在微元体的每个表面上作用有 1 个法向应力，2 个切向应力。法向力采用 σ 表示，切向应力用 τ 表示。则作用在垂直于 x 轴的表面上的应力为 σ_x、τ_{xy}、τ_{xz}，作用在垂直于 y 轴的表面上的应力为 σ_y、τ_{yx}、τ_{yz}，作用在垂直于 z 轴的表面上的应力为 σ_z、τ_{zx}、τ_{zy}，即该微元流体中任意一点的应力状态由 9 个分量决定。由于这 6 个切向应力是两两对称的，因此相当于只有 3 个是独立的，即：

$$\tau_{xy} = \tau_{yx} \tag{2-5}$$

$$\tau_{yz} = \tau_{zy} \tag{2-6}$$

$$\tau_{zx} = \tau_{xz} \tag{2-7}$$

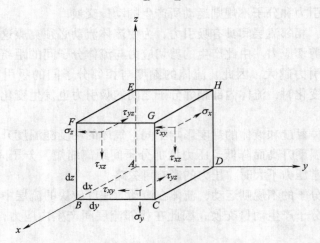

图 2-3　黏性流体应力状态

公式（2-3）表明了流体做一维运动时，切应力与切变率之间的关系。现将其推广到三维运动上，做如下假设：

（1）静止时应力各向同性；

（2）流体中一点的应力仅与该点的瞬时变形速率有关，而与变形的历程无关；

（3）应力与变形速率有线性关系；

（4）应力与变形速率的关系在流体中各向同性，即不会随坐标的变换而异。

在以上假设基础上，可导出切应力、法向应力和变形速率之间的关系式以及牛顿流体的运动方程。具体关系式可参考《选矿流变学》相关内容，在此不再赘述。

对牛顿流体来说，其黏性系数不受剪切速率的变化而变化。在生产中，牛顿流体的流动是工程及测量仪器中典型的流动形式。一般而言，如无特殊说明，则认为所讨论的流体均为不可压缩的，且流体在固壁处均没有滑动（即固壁上的流体质点与对应固壁点具有相同的速度）。

2.2.2.1 牛顿流体在平行板间的流动

这是一种理想状态，即认为贴在平板上的颗粒速度为零，而远离平板的地方流体速度越来越大。在两块平行板之间，若固定下板不动，上板以恒定速度匀速运动时，此时流体的流动称为 Couette 流动。在下板处，流体速度为 0，在上板处，流体速度最大，两板之间速度分布为直线，如图 2-4 所示。

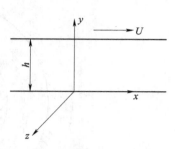

图 2-4　流体在平行平板间的流动

牛顿流体的这种流动可以适用于工业悬浮液搅拌过程的模拟，例如，在搅拌桶中，搅拌桶挡板或者桶壁可以看作是平行板中的静止板，而搅拌叶轮的末端可以看作是平行板中的运动板，则搅拌过程中剪切应力的分布以及流体剪切速率的分析等则可以以平行板之间的流动理想化分析。

2.2.2.2 牛顿流体在圆管的层流流动

这是流体一种最常见的流动状态，例如天然气、水、石油、工业悬浮液等流体通过管道输送的作业方式。流体在管道中的层流流动仍然可以借助流体在平行板间的流动来分析，即认为管道是无限个狭长的平板拼合而成，如图 2-5 所示。

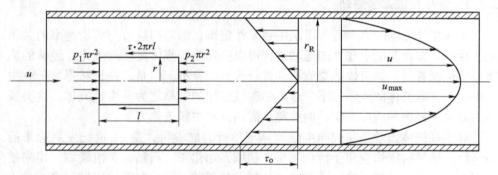

图 2-5　流体在圆管内的层流流动
u—流体流速；u_{max}—中心线的最大流速；r—圆管的半径；l—平板长度；p—压强

在这种层流流动中，牛顿流体沿着等径圆管做恒定层流流动时，沿圆管断面上的速度分布为抛物面，最大流速在管中心。

2.2.2.3 牛顿流体在旋转圆柱体之间的流动

这是在各种黏度测试过程中流体流动行为最常用见的一种形式。目前广泛使用的圆通旋转黏度计、流变仪测试，就是将流体置于这种流动状态下进行测量，如图 2-6 所示。

在实际生产中，完全遵循牛顿定律且处于层流状态的流体流动是很少见的，

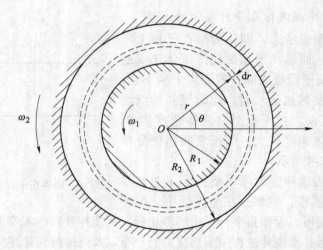

图 2-6   流体在圆管内的层流流动

ω—圆管旋转角速度；R—半径

一般来说，大多数工业生产中的流体都是非牛顿流体，且为层流/湍流复合状态。因此，研究牛顿流体的流动过程，能够为研究非牛顿流体的行为提供参考。

2.2.3 非牛顿流体的流动

牛顿流体流动的力学行为服从牛顿黏性定律，即剪切应力与剪切速率的关系是线性的。在此基础上建立的运动方程可以描述牛顿流体流动的规律。经典的流体力学也能够对牛顿流体的层流流动进行普遍的分析。但是，在自然界、工业生产中，大多数流体的流动是不符合牛顿黏性定律的，称之为非牛顿流体。这类流体的流动用经典的流体力学不能解释，需用到非牛顿流体力学。

非牛顿流体力学是研究非牛顿流体流动行为的学科，是 21 世纪发展起来的新学科。该学科很快应用于社会与生产领域，如化工、石油、矿冶领域，用来描述泥浆、矿浆、油漆、涂料、颜料、油料等的流动过程，在医学领域用来描述人体与动物体内的血液、关节腔内的滑液、淋巴液等非牛顿流体的流动，另外，在河流沉沙、砂浆等的处理中，也大量运用到非牛顿流体力学的知识。非牛顿流体具有一系列区别于牛顿流体的物理现象，如威森堡（Weissenberg）效应、挤出物胀大现象、开口虹吸效应及减阻现象。这些奇特的现象都是由非牛顿流体的应力状态决定的。

2.2.3.1 剪切稀化流动

如果将相同黏度的牛顿流体（如甘油水溶液）和假塑性流体（如羧甲基纤维素水溶液）在相同的两端敞口的垂直圆管中一起流动，则会发现假塑性流体比牛顿流体的流出速率要高。这是假塑性流体黏度随剪切速率增大而减小的缘故。

2.2.3.2 塞流

黏塑性流体在圆管内流动时，只有在作用应力大于屈服应力的管壁附近才存在剪切流动，而在应力小于屈服值的管中心处，不存在剪切速率，因此在半径远远小于管道半径处像塞子一样具有一定的刚体特性的流动，称为塞流（plug flow），如图2-7所示。

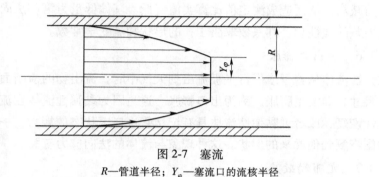

图2-7 塞流

R—管道半径；Y_φ—塞流口的流核半径

2.2.3.3 爬杆

在两个烧杯中分别盛放纯黏性牛顿流体和黏弹性高分子流体，插入玻璃棒，对其施加旋转运动，则在盛有高分子流体的杯子中会发现异常流动现象，即流体像卷附在玻璃棒上一样，附着棒上爬，称为爬杆现象，如图2-8所示。该现象由威森堡（Weissenberg）首次发现。这种现象是由黏弹性流体的法向应力作用引起的。

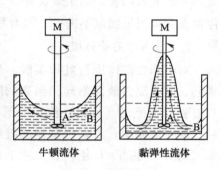

牛顿流体　　黏弹性流体

图2-8 爬杆现象

压力测定结果表明，对纯黏性流体，B处的压力由于离心力的缘故大于A处；而对于黏弹性流体，A处的压力大于B处，其压差用来抵抗离心力。

2.2.3.4 管壁滑移效应

胶体溶液在管内流动时，管径较大的呈现牛顿流体性质；若管径足够小，即胶体粒径与管径在同一数量级或者仅低于一个数量级的情况下，管道流量会超过预测值，这是管壁附近形成无粒子液体层造成的。这种现象称为管壁滑移现象或者西格玛效应。

对于工业悬浮液也存在这种现象。即在小管径管道中流动时，会发生分散颗粒向管中心移动，在管壁处形成极稀溶液层，表现在随着管径变小，浆体表观黏度减小、预测流量增大。

2.2.3.5　静压误差

通过静压孔测定牛顿流体的压强时，出现的异常一般由惯性引起（若孔足够小，则可以忽略不计）。但是对于黏弹性流体，有时出现会出现与孔径无关而不可忽略的孔压误差。因为通过静压孔测定的垂直应力包括牛顿流体静压和与壁面变形速度有关的偏应力。由于在固体壁上开孔造成孔附近流体分离及变形速度减小，偏应力减弱，从而造成测定值比真实值偏低。其偏低量为第一法向应力与第二法向应力差的线性和，其系数取决于孔的形状和流变学常数。

2.2.3.6　管出口膨胀

当黏弹性流体从管子或平行平板流出到大气中时，流出物的横断面尺寸会大于流路的尺寸，即发生膨胀，称为出口膨胀。这是因为黏弹性流体在流管口的瞬间发生弹性恢复，或者说黏弹性流体具有记忆管进口区状态的能力，一经脱离管口，就力图恢复到他原来的形状。这种现象与流体的法向应力有关。

2.2.3.7　尤布勒效应

当高分子流体由很粗的管子流入较细的管子时，混入在溶液中的微细气泡与流体一起流入细管，但比细管管径 1/10 稍大的气泡有时会停留在管口附近而流不进去，称为尤布勒效应。

2.2.3.8　无管虹吸

对黏弹性流体进行虹吸实验，当虹吸管从烧杯流体中提起，虹吸流由液面举起相当高的距离，这种流动称为无管虹吸或者范诺（Fano）流。由图 2-9 可知，虽然管子已经不插在流体里，流体仍然能够继续流进管子里。这种现象大约从 20 世纪 60 年代在工业上获得应用，如在高分子纺织工业中的应用。

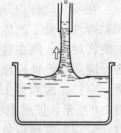

图 2-9　黏弹性流体的无管虹吸现象

2.2.3.9　汤姆斯减阻效应

1948 年汤姆斯发现，在牛顿流体中加入少量高分子物质，使流体成为黏弹性流体，则湍流时的摩擦阻力大幅度降低，这种现象称为汤姆斯减阻效应。如在水中添加 5×10^{-4}% 的聚氧化乙烯，黏度仅增加 1%，而湍流时摩擦阻力系数减小 40%。

关于汤姆斯减阻效应，有研究认为，高分子的大小与最小湍流涡大小的关系，高分子的松弛时间与破裂周期的关系等。高分子种类或浓度不同，其现象的表现方式也不同，尚未得到统一的认识。在砂浆、泥浆或固气体系中可以看到同类现象。在化工、石油工业长距离管道输送中，高分子减阻剂的应用与研究近年来逐渐成为热门。

2.3 流体分类与流变学曲线

对于非牛顿流体而言，剪切应力与剪切速率的比值不是常数，即 $\dot{\gamma} - \tau$ 曲线不是一条水平直线，而是呈现出各种各样的变化趋势。流体的流变状态方程：

$$\tau = f(\dot{\gamma}) \tag{2-8}$$

是描述剪切应力与剪切速率之间关系的方程，能够将牛顿流体与非牛顿流体的流变行为统一起来。根据变化趋势的不同，非牛顿流体按照流变曲线的不同，可分为 4 种常见的流体，如图 2-10 所示。

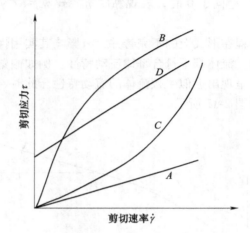

图 2-10　流变曲线

A—牛顿流体；B—假塑性流体；C—胀塑性流体；D—宾汉流体

2.3.1　幂律流体

幂律流体的本构方程为：

$$\tau = K\dot{\gamma}^n \tag{2-9}$$

即方程中含有两个物性常数 K、n。式中，K 为稠度系数，量纲为 $Pa \cdot s^n$，指数 n 为流动行为系数，无量纲。

幂律流体是最简单的非牛顿流体，其本构方程能够在很广的剪切速率范围内表示多种流体的流动特性，其中：

$n < 1$，表示假塑性流体；

$n = 1$，表示牛顿流体；

$n > 1$，表示胀塑性流体。在对数坐标系中，幂律方程为直线，即：

$$y = \lg K = nx \qquad (2\text{-}10)$$

式中，$y = \lg x$，$x = \lg \dot{\gamma}$。

这样流动行为系数 n 为直线的斜率，而稠度系数 K 为 $\dot{\gamma} = 1$ 时在 y 轴上的截距，即：

$$n = (\lg\tau - \lg\tau')/(\lg\dot{\gamma} - \lg\dot{\gamma}') = \lg(\tau/\tau')/\lg(\tau'/\dot{\gamma}') \qquad (2\text{-}11)$$

表示纯黏性流体的本构方程有很多种形式，但幂律流体本构方程是最简单的。由于这种流体表现形式的简单性，在工程中得到广泛应用。但在该表达式中，由于 n 一般不是整数，所以 $[K] = [\text{N} \cdot \text{s}^n/\text{m}^2]$ 具有不合理的量纲。另外，若 $n<1$，还存在当 $\dot{\gamma}$ 趋向于 0 时，表观黏度 $\eta_0 = \tau/\dot{\gamma} = K/\dot{\gamma}^{1-n}$ 趋向于无穷大的难点。

幂律流体本构方程在形式上的不完善并没有影响其实用性，因为在较宽的剪切速率范围来观察时，流体都不符合幂律流动特性。例如假塑性流体，在剪切速率很低或者很高时，呈现出近似牛顿流体的流动特性。此时，整个流变曲线可以分成三段来处理，如图 2-11 所示。

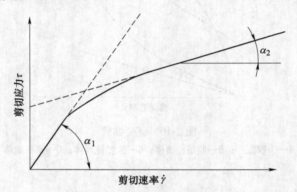

图 2-11　在较大剪切速率范围假塑性流体流变曲线

（1）假塑性流体。由假塑性流体本构方程得到表观黏度为：

$$\eta_0 = \tau/\dot{\gamma} = K/\dot{\gamma}^{1-n} = K\dot{\gamma}^{n-1} \qquad (2\text{-}12)$$

由于 $n<1$，故 $n-1<0$。即对于假塑性流体，剪切速率增大，表观黏度降低。就是说剪切速率越高，越容易发生流动，这种现象称为"剪切稀化"，或剪切流动性。

常见的假塑性流体有：高分子聚合物溶液、乳胶液、某些悬浮液及浓度不高的浆体（矿物浆体、钻井泥浆等）。对该类流体而言，其剪切稀化性质与流体质点的状态有关。当流体流动时，由于受到定向的剪切作用而变成定向的和有序排列状态，因而系统的流动阻力将减小。显然当剪切速率增大到一定程度时，流体质点达到最佳排列状态，这时流体的黏度将不再随剪切速率的增大而减小，而是保持为常数，此时流体变成牛顿流体。因而流体的流动特性与剪切速率的范围有关。实际上在低剪切速率范围，由于质点以不规则随机运动为主，剪切定向效应不显著，因而也近似为牛顿流体。

（2）胀塑性流体。剪切速率增加时，表观黏度 η_0 增大，或剪切速率越高流体越难流动，这种流动行为称为剪切稠化或胀塑性（胀流性），相应的流体为胀塑性流体。

2.3.2 黏塑性流体

在定常剪切流动中，某种流体在应力的屈服值（屈服应力）τ_y 以下的范围内不发生流动，只是作为弹性体发生变形。只有当施加剪切应力 τ 大于屈服值（屈服应力）τ_y 时，才开始产生黏性流动，这样的流体称为黏塑性流体。其中塑性是这样定义的：若某物体所受的剪切应力超过某一固定值时其形变的改变是永久的，则称该物体是可塑的，这种性质称为塑性，由于弹性形变比黏性流动变形小得多，所以可以忽略弹性变形，按刚体处理。浆体、悬浮体、沥青、油漆、涂料、润滑脂一般表现出黏塑性流动特性。

黏塑性流体可以分为宾汉流体和非宾汉流体。对于宾汉流体，当受到的剪切应力 τ 大于屈服值（屈服应力）τ_y 后，开始流动的特性类似于牛顿流体，即流变曲线近似为线性。对于非宾汉流体，开始流动以后，流变曲线是非线性的，可能向上凸，可能向下凹。实际上，几乎所有的黏塑性流体都是非宾汉流体，但工程上为了便于处理，在允许的误差范围内可视为宾汉流体。

宾汉流体的流变学状态方程为：

$$\tau = \tau_y + \eta_p \dot{\gamma} \tag{2-13}$$

式中，τ_y 为极限剪切应力或屈服应力；η_p 为塑性黏度或宾汉黏度，其流变曲线为图 2-10 中的 D 线。

流体的塑性表现出流体具有固有的特性，常见于浆体或悬浮体，且只有当浆体或者悬浮体的浓度足够高时，悬浮液中的质点或颗粒相互接触时才会产生塑流现象。黏塑性流体的质点或颗粒分布一般具有三维空间结构，这种结构具有一定的刚性或弹性，因此，当施加剪切应力较低而不足以破坏这种结构时，体系只发生变形而不流动，因而流体的屈服应力取决于体系的结构。当施加应力超过屈服应力时，体系的结构破坏而出现流动。对于宾汉流体来说，在剪切应力取消后经过一定的时间，体系还会恢复原来的结构。

在矿物加工过程中，磨矿、浮选等过程的工业悬浮液一般具有黏塑性。但是一般不属于宾汉体，而是非宾汉流体，本书将在第 5~9 章进行介绍。

2.3.3　触变性和震凝性流体

前述讨论的几种流体的流变学状态方程均不包含时间变量，即流体性质与时间无关。某些流体的流动特性与剪切时间有关，表现出一定的时间依赖性。例如，某些胶质液或者悬浮液，当施加某一剪切速率（如搅拌），测定对应的剪切应力，则发现剪切应力随时间逐渐减小，即体系的表观黏度 $\eta_0 = \tau / \dot{\gamma}$ 逐渐变小，而且剪切速率越大，这种变化的程度越大。当过了一定的剪切时间之后，体系的剪切应力或表观黏度才达到某一定值。这种剪切应力或表观黏度随时间减小的特性叫作流体的触变性。与之相反，剪切应力或者表观黏度随时间增大的特性叫作流体的震凝性（反触变性）。触变性流体的流变曲线如图 2-12 所示。

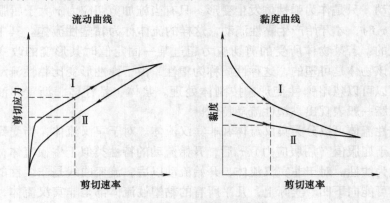

图 2-12　触变性流体的流变曲线

具有触变性的流体有：加入高分子的油、氧化铁或五氧化钒的溶液、矿石、黏土、煤的悬浮液等。由触变性流体的流变曲线可以看出，增加剪切速率与减小剪切速率得到的流变曲线不是重合的，而是构成一个滞后回路，分别称为上流变曲线和下流变曲线。下流变曲线位于上流变曲线的下方。上、下流变曲线围成的滞后回路的面积越大，流体的触变性越强，反之亦然。如果上、下流变曲线重合，则说明该体系没有触变性。黏度曲线也说明了相似的变化趋势，即黏度随剪切速率的增加而下降，同时在某一固定的剪切速率条件下，黏度随时间的增加也随之下降。

具有震凝性的流体有矿浆、膨润土溶胶、泥浆及超细水煤浆等。震凝性流体的流变曲线与触变性流体的流变曲线类似，所不同的是下流变曲线在上流变曲线的下方，黏度曲线也是如此。类似地，上、下流变曲线围成的面积越大，流体的震凝性越强。

需要注意的是，不能把触变性与假塑性、震凝性与胀塑性相混淆，两者是不同的概念。

2.3.4 黏弹性流体

黏弹性流体是兼有弹性体和黏性体特性的流体。对于弹性体，由剪切应力引起的剪切形变所做的功是完全回复的，对黏性体这种功是完全耗散的，而对黏弹性流体，这种功则是部分回复的。

黏弹性流体的流变状态很难用简单的方法建立流变学状态方程，一般用基本元件通过各种串联、并联的方式得到其流变模型。

2.3.4.1 基本元件

（1）弹性元件：用弹簧表示。如以 τ_H 表示应力，γ_H 表示应变，则：

$$\tau_H = G\gamma_H \tag{2-14}$$

式（2-14）即虎克定律，式中 G 为弹性模量。弹性元件一般以［H］表示。

（2）黏性元件：用黏壶表示。在黏壶中，试管中盛有黏性牛顿流体，并具有可自由活动的活塞。如以 τ_N 表示应力，γ_N 表示应变，$\dot{\gamma}_N$ 表示应变速率，则有：

$$\tau_N = \eta\dot{\gamma}_N \tag{2-15}$$

式中，η 为黏性系数。黏性元件一般用［N］表示。

（3）塑性元件（摩擦件）：如图 2-13 所示，滑块 A 与杆 B 之间有摩擦力，当拉应力 τ_v 小于 τ_y 时，形变 $\gamma = 0$；当拉应力 τ_v 达到 τ_y 时，形变 γ 可为任意值，即发生塑性变形，并且总有：

$$\tau_v = \tau_y \tag{2-16}$$

式中，τ_y 为屈服应力。

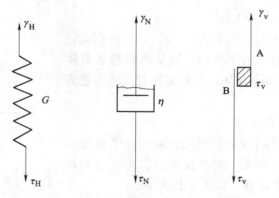

图 2-13　弹性元件、黏性元件和塑性元件

2.3.4.2 麦克斯韦模型

麦克斯韦模型描述了材料的黏弹性，该模型是由弹簧和黏壶串联组成，如图 2-14 所示。G 和 η 分别是弹簧的弹性模量和黏壶的黏性系数。

因为是串联，系统的总形变应为弹簧和黏性元件变形的和，而总应力等于每个元件的应力，即：

$$\gamma = \gamma_{H+}\gamma_N \qquad (2\text{-}17)$$

$$\tau = G\gamma_H = \eta\dot{\gamma}_N \qquad (2\text{-}18)$$

因而可得：

$$\dot{\gamma}_N = \dot{\tau}/G + \tau/\eta \qquad (2\text{-}19)$$

即：

$$\tau + (\eta/G)\dot{\tau} = \eta\dot{\tau} \qquad (2\text{-}20)$$

式（2-20）称为麦克斯韦模型，满足该流变学状态方程的流体称为麦克斯韦流体。可以看出，麦克斯韦流体与牛顿流体相比，麦克斯韦流体考虑了应力变化率的影响，其重要性由系数 η/G 反映，表明的是液体的弹性，用来分析黏弹性流体的运动规律。

图 2-14　麦克斯韦模型

2.3.4.3　开尔文模型

麦克斯韦模型描述了材料的流体特性，即只要有应力作用，材料就会流动，即材料具有无限的蠕变能力（蠕变即当应力不变时应变逐渐增长的现象）。而黏弹性流体的固体特性由开尔文模型描述。该模型是由弹簧和黏壶并联组成。在这种情况下，构建的应变为各元件的应变，应力为各元件应力之和，即：

$$\gamma = \gamma_H = \gamma_N \qquad (2\text{-}21)$$

$$\tau = \tau_H + \tau_N = G\gamma_H + \eta\dot{\gamma}_N \qquad (2\text{-}22)$$

由式（2-22）可得：

$$\tau = \tau_H + \tau_N = G\gamma + \eta\dot{\gamma} \qquad (2\text{-}23)$$

式（2-23）即开尔文模型。服从该模型的流体称为开尔文体或 Voigt 流体。开尔文模型描述的是固体的黏性性质。

2.3.4.4　宾汉模型

前述宾汉流体的流变学状态方程描述了宾汉流体作为液体流动的性质，而宾汉流体作为固体的性质可由宾汉模型来解释，如图 2-15 所示。

当应力小于塑性元件的屈服应力 τ_y 时，与之并联的黏性元件不能发生应变，整个构件的变形即弹性元件的变形，即：

当 τ 小于屈服应力 τ_y 时，$\gamma = \gamma_H = \tau/G$；

当 τ 大于屈服应力 τ_y 时，黏壶发生应变，此时

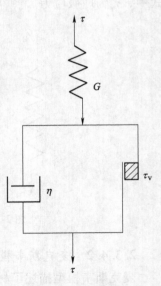

图 2-15　宾汉模型

构件的总应变为弹性应变与黏性应变之和，即：

$$\gamma = G\gamma_H \tag{2-24}$$

$$\tau - \tau_y = \eta\dot{\gamma}_N \tag{2-25}$$

$$\gamma = \gamma_H + \gamma_N \tag{2-26}$$

由式（2-24）~式（2-26）可得：

$$\tau + (\eta/G)\dot{\tau} = \tau_y + \eta\dot{\gamma} \tag{2-27}$$

式（2-27）即为宾汉流体流变方程。

若应变保持恒定，即 $\dot{\gamma} = 0$，则：

$$\tau + (\eta/G)\dot{\tau} = \tau_y \tag{2-28}$$

式（2-28）的解为：

$$\tau = \tau_y + (\tau_0 - \tau_y)\exp(-(G/\eta)t) \tag{2-29}$$

该式表明应力由 $t = 0$ 时的 τ_0 逐渐衰减为 t 趋向于无穷大时的 τ_y，如图 2-16 所示。

若 $t = 0$ 时加载后，保持应力恒定，则式（2-29）变为：

$$\tau = \tau_y + \eta\dot{\gamma} \tag{2-30}$$

式（2-30）的解为：

$$\gamma = \gamma_0 + ((\tau_0 - \tau_y)/\eta)t \tag{2-31}$$

式（2-31）说明，宾汉流体在 $t = 0$ 的瞬间，应变为 $\gamma_0 = \tau_0/G$ 即弹性元件的变形，而后随着时间延长，应变逐渐增大，直至时间 t 趋向于无穷大时，表明宾汉体还具有液体的性质，如图 2-17 所示。

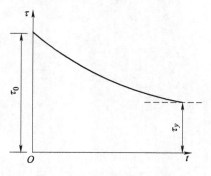

图 2-16　宾汉体松弛曲线

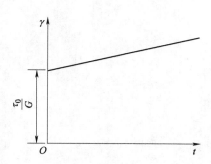

图 2-17　宾汉体蠕变曲线

思考与练习题

2-1　流变学的主要研究内容是什么？

2-2　对矿物加工过程而言，研究流变学的意义是什么？

2-3 常见流体的分类有哪些？

2-4 牛顿流体的流动遵循什么规律？

2-5 非牛顿流体有哪些特殊的行为？

2-6 幂律流体的流变学状态方程是什么？

2-7 黏弹性流体的流变模型有哪些？

参 考 文 献

[1] BOGER D V. Rheology and the minerals industry [J]. Mineral Procesing and Extractive Metallurgy Review, 2000, 20 (1): 1~25.

[2] CRUZ N, FORSTER J, BOBICKI E R. Slurry rheology in mineral processing unit operations: A critical review [J]. The Canadian Journal of Chemical Engineering, 2019, 97 (7): 2102~2120.

[3] FARROKHPAY S. The importance of rheology in mineral flotation: Areview [J]. Minerals Engineering, 2012, 36: 272~278.

[4] BARNES H A, Hutton J F, Walters K. An introduction to rheology [M]. Elsevier, 1989.

[5] DAINTREE L, BIGGS S. Particle-particle interactions: The link between aggregate properties and rheology [J]. Particulate Science and Technology, 2010, 28 (5): 404~425.

[6] 杨小生，陈荩. 选矿流变学及其应用 [M]. 长沙：中南工业大学出版社，2000.

3 工业悬浮液流变学

3.1 概 述

工业悬浮液一般是固液混合系统，是分散系的一种，也是一种浆体。另一种常见的分散系是液滴分散在液体中形成的乳浊液。在确定工业悬浮液的流变学性质时，一般假设工业悬浮液是均质的，即不考虑固体颗粒的沉降，而将各部分性质看成一致的，以连续介质模型来描述。由于工业悬浮液中存在固-液界面，所以不存在真正的均质悬浮液，它是对实际工业悬浮液的一种渐进形式。在实际工程中，当固体颗粒处于良好的悬浮状态时，就可以把工业悬浮液看作是均质浆体，从宏观上考虑其流变性。由于分散颗粒的作用，工业悬浮液的流变性质比纯液体要复杂得多。在应力的作用下，由于固体颗粒的存在，体系一方面进行弹性变形，另一方面进行黏性流动。工业悬浮液在流动过程中，分散颗粒以各种形式对液体的流动性进行干扰，使黏性阻力增大。表示分散颗粒存在使液体黏性增大的程度的量即工业悬浮液的相对黏度 η_r，它是工业悬浮液的表观黏度 η_a 与分散介质黏度 η_0 的比值，即：

$$\eta_r = \eta_a / \eta_0 \tag{3-1}$$

固体浓度是影响工业悬浮液黏度的重要因素，将

$$\eta_{red} = (\eta_r - 1)/C = \eta_{ap}/C \tag{3-2}$$

称为工业悬浮液的还原黏度。式中，C 为分散颗粒浓度；$\eta_{ap} = \eta_r - 1$ 为工业悬浮液的比黏度。另外，工业悬浮液的黏度与剪切速率有关，将浓度和剪切速率外推到零时的还原黏度称为工业悬浮液的"固有黏度"，以 $[\eta]$ 表示。

矿浆的流变性是影响矿物分选的重要因素。工程中的工业悬浮液由于组成复杂，可能表现出复杂的非牛顿流体特性，包括黏性、黏塑性、黏弹性等。工业悬浮液的流变性除与分散介质本身的流变性有关外，还与分散颗粒的物理化学性质以及相应作用形式等有关，目前矿物加工前沿的研究热点正是在逐步建立矿浆悬浮液流变性与这些因素之间的定量关系。

3.2 工业悬浮液流变性对分散相颗粒浓度的依存性

Tadros 从胶体理论的观点出发，考虑悬浮液中颗粒的相互作用对其流变特性

的影响，将浆体分为稀浆体、浓浆体、固态浆体三种。

　　稀浆体的特点是，分散颗粒的运动以布朗热运动为主，颗粒有很大的活动空间，颗粒之间只有偶然的碰撞，相互作用力很小，并且重力可以忽略。在这种情况下，悬浮液的流变性与连续相一致，分散相对体系黏度的影响符合简单的爱因斯坦黏度关系式：

$$\eta_r = 1 + 2.5C \tag{3-3}$$
$$\mu = \mu_s(1 + 2.5\Phi) \tag{3-4}$$

式中，μ 为悬浮体黏度，Pa·s；μ_s 为介质的黏度，Pa·s；Φ 为固体体积分数，%。该公式只适用于体积分数小于2%的低浓度的悬浮液且分散相为球形颗粒的黏度计算。可见在这种稀浆体的体系中，颗粒之间的相互作用被忽略掉了。

　　随着悬浮液中分散相浓度的增大，悬浮液逐步成为浓浆体。在这种体系中，分散相颗粒占据了更多的空间，相互间空隙减小及相互间作用机会增多，这时，颗粒之间的相互作用对体系的流变性的影响增大，表现出黏性、塑性及弹性等混合流变性，黏度与分散相浓度关系的关系为复杂的函数关系：

$$\eta_r = 1 + K_1 C + K_2 C^2 + K_3 C^3 + \cdots \tag{3-5}$$

　　在式（3-5）中，K_1 即悬浮液的固有黏度 $[\eta]$，与颗粒的形状有关，对球形颗粒 $K_1 = 2.5$。

　　浓浆体的流变性与分散相浓度的关系必须用复杂的函数来描述的原因是分散颗粒之间的相互作用存在各种各样的形式。

　　当浓浆体的颗粒浓度继续增大，并达到一定值时，浆体形成高度有序的结构体。颗粒的自由活动空间很小，可以与周围所有的颗粒发生作用，颗粒的振动幅度比颗粒本生的尺度小很多，在浓度极高时，体系表现出明显的固体流变特性，称为固态浆体。工程时间中，很多悬浮液处于稀浆体与浓浆体之间，具有两者的共同特性。

3.3　工业悬浮液的假塑性、胀塑性

　　假塑性流体的流动现象即"剪切稀化"。假塑性流体通常在剪切速率很高和很低时近似为牛顿流体，即黏度为定值，如图3-1所示。η_0 和 η_∞ 分别表示 $\dot{\gamma} = 0$ 和 ∞ 时的黏度，工业悬浮液的流变学方程除用：

$$\tau = K\dot{\gamma}^n (n < 1) \tag{3-6}$$

表示外，还有以下的三参数方程：

$$\tau = [\eta_\infty + (\eta_0 - \eta_\infty)/(1 + (\eta_0 - \eta_\infty)\dot{\gamma}/\tau_m)]\dot{\gamma} \tag{3-7}$$

式中，τ_m 是黏度为 $(\eta_0 - \eta_\infty)/2$ 时对应的剪切应力。

　　很多矿物悬浮液和黏土浆体均具有显著的假塑性特征。Krieger 和 Dougherty

以颗粒的凝聚和分散过程来分析悬浮液的假塑性。由于颗粒间的相互作用（相互吸引或排斥），颗粒具有凝聚或分散的两方面的趋势，取决于颗粒的布朗运动和剪切速率。布朗运动具有使颗粒凝聚和分散的作用，而剪切作用仅有助于颗粒分散，另外剪切作用还促进颗粒由无序的状态向流动阻力较低的有序状态转化。在剪切速率较低时，悬浮液中颗粒主要是布朗运动，颗粒间可能发生某种程度的絮凝，使悬浮液的黏度比分散状态时要高。随着剪切速率的增大，剪切作用使更多颗粒分散，即悬浮液的运动阻力或黏度随着剪切速率的增大而降低。当剪切速率达到足够高时，悬浮液颗粒充分分散，其黏度达到一定值。

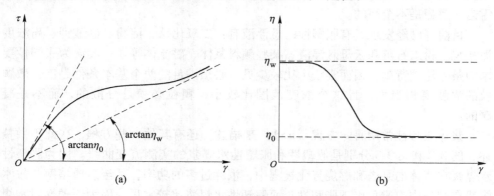

图 3-1　假塑性浆体的典型流变曲线
（a）流变曲线；（b）黏度曲线

工业悬浮液中颗粒间的凝聚与分散是由颗粒间的作用总势能、布朗运动动能及剪切作用决定的。对此，Krieger、Probstein 和 Sengun 等人通过因次分析，提出的无因次准数包含了颗粒间的吸引力、排斥力、布朗运动效应及剪切效应等因素。Krieger 和 Dougherty 对颗粒聚集和分散状态的解释实际上说明了培克勒（Peclet）准数 N_{SB} 的重要性，即：

$$N_{SB} = \eta_1 r^3 \dot{\gamma}/RT \tag{3-8}$$

式中，r 为分散颗粒半径；η_1 为分散介质黏度；N_{SB} 为剪切作用与布朗运动效应之比。Probstein 和 Sengun 则除了考虑剪切作用和布朗运动外，还考虑了布朗运动和颗粒间的吸引力相对大小对颗粒状态的影响，相应的准数为：

$$N_{BA} = RT/A \tag{3-9}$$

式中，A 为 Hamaker 常数。他们认为在较低的 N_{SB} 和 N_{BA} 情况下可能出现凝聚。

在上述公式中，所有的因次分析都没有包含颗粒形状和颗粒粒径分布的影响，而这些因素对悬浮液的流变性有很大的影响。

与假塑性相反的是浆体的胀塑性，即黏度随剪切速率增大而增大，或"剪切稠化"。具有胀塑性的悬浮液种类比较少。悬浮液胀塑性的机理目前还没有彻底解释清楚。在 1883 年，雷诺（Reynolds）就发现高浓度的海滨泥沙悬浮液具有胀塑性，并且注意到在该类悬浮液的流动过程中会伴随着体积膨胀效应。对此，雷诺做出的解释为：悬浮液中颗粒的排列总是使空隙最小，即使液体充填的空隙最小。当悬浮液在低剪切速率下流动时，空隙中的液体起到"润滑"作用，因而悬浮液内摩擦力或黏度较小。随着剪切速率增大，颗粒原有结构就破坏，颗粒间空隙增大，悬浮液体积增大。同时液体不足以充填颗粒空隙使润滑作用减弱，造成浆体黏度增大。然而以后的研究表明，悬浮液的流动胀塑性和体积膨胀并不是同时发生的，就是说具有胀塑性的悬浮液并不一定出现体积膨胀现象。这说明雷诺的解释是不全面的。

目前，已经发现具有胀塑性的悬浮液有：二氧化钛、淀粉、硅酸钾、高浓度泥沙浆、粉末石英和云母悬浮液、某些颜料浆体、磁流体等。一般认为胀塑性要求的条件比较苛刻，因而实践中比较少见。必须满足的两个基本条件是：分散颗粒的浓度要相当大，且这个浓度范围比较小，颗粒必须是分散的，而不是凝聚的。

浆体胀塑性常用幂律方程（$n>1$）来描述，还有其他一些方程，在此不做赘述。图 3-2 和图 3-3 分别是假塑性和胀塑性水煤浆的实测流变曲线。因为胀塑性水煤浆在浆体的泵送和燃烧雾化过程中，消耗过多的功率，甚至造成堵塞，故水煤浆在制备中应避免出现胀塑性；而假塑性水煤浆比较常见，因为假塑性对水煤浆的泵送及燃烧过程都有利。

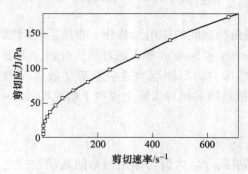

图 3-2　典型的假塑性水煤浆流变曲线

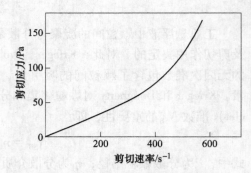

图 3-3　典型的胀塑性水煤浆流变曲线

3.4　工业悬浮液的黏塑性

黏塑性以具有抵抗剪切变形的极限剪切应力或屈服应力为特征。分散相浓度较高的浆体一般都具有屈服应力。浆体的屈服应力一般解释为由于浆体的絮凝或凝聚，使浆体具有抵抗剪切的结构。例如，黏土和水的分散系，其流变性决定了土壤的性质。典型的黏土颗粒为扁平状，与水作用的表面积大，易于形成层状的絮凝结构，这种结构能抵抗剪切变形，即产生屈服应力。对于煤浆，当浓度较高时，凝聚颗粒易形成环状或链状网络结构，使悬浮液具有剪切屈服应力。黏土颗粒在不同压力下的结构如图 3-4 所示。

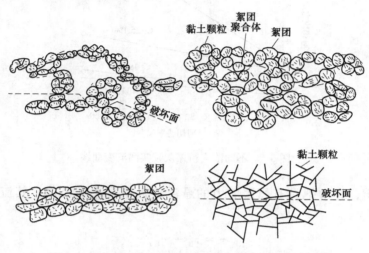

图 3-4　黏性土在沉积受压过程中所形成的不同结构

显然，颗粒粒度、形状和浓度是形成絮凝网状结构的主要因素。Thomas 在颗粒粒径 0.4~17μm 范围内得到悬浮液屈服应力近似与 C^3/d^2 成正比。例如图 3-5 所示的石灰石悬浮液浓度对屈服应力和塑性黏度的影响、浓度对粉煤灰悬浮液与水煤浆流变曲线的影响。一般而言，悬浮液固体分散相浓度增大，悬浮液的屈服应力与塑性黏度均增大；但是对于不同的悬浮液而言，屈服应力或者塑性黏度的变化程度、趋势有很大的差别，如图 3-6 所示。

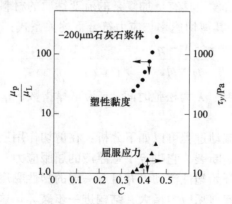

图 3-5　宾汉流体流变参数与固体浓度的关系

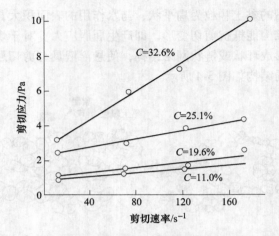

图 3-6　不同浓度粉煤灰浆实测流变曲线

工程上，经常把具有屈服应力的悬浮液近似看作宾汉体，其流变状态方程为：

$$\tau = \tau_B + \eta_B \dot{\gamma} \qquad (3\text{-}10)$$

式中，τ_B 为宾汉体屈服应力；η_B 为宾汉塑性黏度。

实际上，比宾汉体流变方程更具有普遍意义的是 Herschel-Bulkley 方程，即：

$$\tau = \tau_H + \eta_H \dot{\gamma}^n \qquad (3\text{-}11)$$

式中，τ_H 为 Herschel-Bulkley 屈服应力；η_H 为 Herschel-Bulkley 塑性黏度。

另外，针对一些具有特殊超结构的悬浮液，还有 Casson 方程，即：

$$\tau^{1/2} = \tau_C^{1/2} + (\eta_C \dot{\gamma})^{1/2} \qquad (3\text{-}12)$$

式中，τ_C 为 Casson 屈服应力；η_C 为 Casson 塑性黏度。

随着新型材料的研发，具有更加复杂的流变性质的材料也被研发出来，例如 Carreau/Yasuda 流体，其剪切速率与应力符合下述关系式：

$$\frac{\eta(\gamma) - \eta_\infty}{\eta_0 - \eta_\infty} = \frac{1}{(1 + (\lambda \cdot \gamma)^{p_1})^{\frac{1-p}{p_1}}} \qquad (3\text{-}13)$$

式中，p_1 为 Yasuda 指数；λ 为松弛时间；p 为幂律指数；η_0 为零剪切黏度，η_8 为极限剪切黏度。

结构型悬浮液的流动过程可以如下分析：在剪切作用下，固体分散相的网络结构总是从最弱处开始断裂，它决定了悬浮液的屈服应力；当剪切应力超过屈服应力以后，悬浮液就开始塑性流动，并且有一定的塑性黏度，但悬浮液的网络结构并未完全破坏。随着剪切应力增大，结构进一步破坏，这时悬浮液的塑性黏度会进一步减小，直到结构完全破坏，流动达到恒定最小黏度。从整个过程来看，宾汉体是某一剪切速率范围内的近似，而在较宽的剪切速率范围内的黏塑性应该用 Herschel-Bulkley 方程描述。对于具有特殊超结构的悬浮液，用特殊的方程予以表示。

3.5　工业悬浮液的黏弹性

工业悬浮液中，固体分散相之间存在着双电层或吸附层叠加作用形式，使悬浮液具有黏弹性。具有双电层作用的悬浮液的黏弹性主要由颗粒浓度、粒径、电解质浓度等因素决定。

Buscall 等人对静电稳定性聚丙乙烯橡胶分散系的黏弹性进行的蠕变测试表明，不同浓度下，体系的弹性分量与黏性分量的大小不同。浓度较低时，黏性分量大于弹性分量；浓度较高时，弹性分量大于黏性分量。只有在较窄的浓度（14%~16%）范围时，黏性和弹性同时存在。同样对吸附层作用的悬浮液的黏弹性测试也表明，浓度较高时，弹性更显著，浓度较低时，黏性更显著。增大电解质浓度压缩双电层或使吸附层厚度降低，都可以使悬浮液黏弹性的剪切模量降低。

例如，水煤浆是具有凝结结构的悬浮液。目前通过蠕变实验和松弛试验已经证实，高浓度的水煤浆具有显著的延时弹性和一定的变形条件下的应力松弛行为。有研究表明，高浓度水煤浆在加载和卸载情况下的应力-应变关系可以用宾汉模型描述，证实高浓度水煤浆悬浮液内部是具有一定的超结构的。

3.6　工业悬浮液流变性影响因素

工业悬浮液流变性的影响因素有很多，常见的有悬浮液中固体分散相的浓度、固体分散相的形状和大小、固体分散相粒度分布、化学药剂、悬浮液 pH 值、颗粒表面张力、压力和温度等。

3.6.1　固体浓度

增大悬浮液的浓度，使固体分散系在悬浮液流动时消耗多余的能量，即黏性阻力增大。有研究给出了各种悬浮液相对黏度与固体浓度的试验曲线，具体如图 3-7 所示。由图 3-7 可知，只有在极低的浓度范围内（C 小于 5%），黏度-浓度关系才符合爱因斯坦公式。这是因为悬浮液中的固体分散相通常不是球形，且表面性质比较复杂；尤其是在表面性质特别复杂时，即使在很低的浓度范围内，其相互作用也是不能忽略的。

在分析浓度较高工业悬浮液浓度对流变性的影响时，必须考虑以下几点：

（1）颗粒的堆积效率；

（2）颗粒的表面吸附造成的"有效"体积浓度与实际体积浓度的差异；

（3）颗粒间的相互作用形式等。

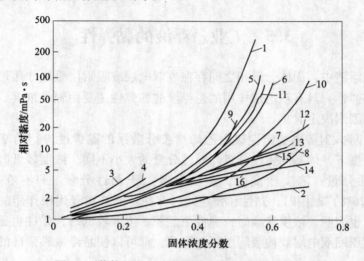

图 3-7　浆体相对黏度与固体浓度关系的试验曲线

1—Rutgers 试验，球形颗粒；2—Einstein 公式；3—Oden 试验，粒度 10μm；4—Oden 试验，粒度 100μm；

5，6—Manon 试验；7，8—Robinson 试验；9—Ting-Luebbers 试验；10—Eillera 试验；

11—Sweeney-Geckier 试验；12—Arrhenius 试验；13，14—Vand 试验；

15—Harbard 试验；16—Thomss 试验

对于浓浆体体系，黏度与分散相浓度关系的关系为复杂的函数关系，见式（3-5）。

式（3-5）是针对单一固体分散相体系悬浮液而言。对于包括几种不同物料颗粒的混合悬浮液而言，有如下公式：

$$\eta_r = 1 + K_{1,i}C_i + K_{2,i}C_i^2 + K_{3,i}C_i^3 + \cdots \tag{3-14}$$

式中，C_i 为 i 种物料颗粒的浓度。根据爱因斯坦黏度公式，取 $K_1 = 2.5$，则可以将式（3-14）表示为：

$$\eta_r = \eta_r^E + \eta_r^C \tag{3-15}$$

式中，η_r^E 为爱因斯坦公式计算的相对黏度，相应于颗粒没有作用的情况；η_r^C 为高浓度相对黏度，反映了颗粒间的相互作用：

$$\eta_r^C = K_2C^2 + K_3C^3$$

考虑球形颗粒的碰撞、旋转和滚动等因素后，得到的有代表性的 η_r^C 的关系有以下几个。

Eilers：

$$\eta_r^C = 4.94C^2 + 8.78C^3 \tag{3-16}$$

Harbard：

$$\eta_r^C = 6.25C^2 + 15.7C^3 \qquad (3-17)$$

Vand：

$$\eta_r^C = 7.349C^2 + 16.2C^3 \qquad (3-18)$$

Thomas：

$$\eta_r^C = 10.05C^2 + 0.0027\exp(16.6C) \qquad (3-19)$$

实验表明，以上关系适用于不同的浓度范围。不同研究者得到的 K_2 值、K_3 值各不相同的原因是高浓度悬浮液颗粒间的相互作用很复杂，同时还存在不能预料的随机因素，给理论处理带来困难。

3.6.2 颗粒形状和大小

理论分析表明，当悬浮液浓度较低，即颗粒间只有远距离作用时，悬浮液黏度较分散剂黏度增大的原因是：分散颗粒的存在使分散剂流线产生紊乱，而紊乱方式与随机流动的颗粒的取向，或者说形状有关。当颗粒取向处于定常和完全随机状态时，理论上讲悬浮液的固有黏度表示为各向异性颗粒长短轴比 α 的函数。

$$\begin{aligned}
[\eta] &= 2.5+32\,(1/\alpha-1)/(15\pi)-0.628(1/\alpha-1)/(1/\alpha-0.075) & (0<\alpha<1)\\
&= 2.5+0.4075(\alpha-1)1.508 & (1<\alpha<15)\\
&= 1.6+\alpha^2((1/3(\ln2\alpha-1.5)+1/(\ln2\alpha-1.5))/5 & (\alpha>15)
\end{aligned}$$

Jeffery 等人最早就颗粒形状对悬浮液黏度的影响做了理论分析，认为在一定浓度下，悬浮液相对黏度随着颗粒的不对称性增大而增大。Clarke 的试验证实了这种观点，如图 3-8 所示。在相同浓度下，不同形状玻璃颗粒悬浮液的黏度排列顺序为：棒形最高，扁平次之，砾状第三，球形最低。即随着颗粒不对称增大或与球形颗粒差别越大（球度越小），悬浮液的相对黏度越高。

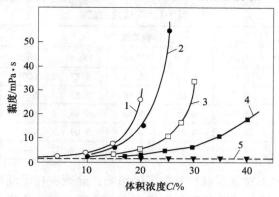

图 3-8 颗粒形状对浆体黏度的影响
1—棒状；2—偏平状；3—砾状；4—球体；5—爱因斯坦公式

　　然而，当悬浮液浓度较高时，由于颗粒间及颗粒与分散剂间的界面作用，悬浮液相对黏度受颗粒形状和颗粒大小的影响程度增大。图 3-9 是某悬浮液在不同浓度下相对黏度与颗粒比表面积的关系曲线，可以看出，不同浓度悬浮液的相对黏度均随颗粒比表面积增大而增大，但是增大的幅度不同。浓度越高，悬浮液黏度随比表面积增大得越快。Ward 认为这是因为颗粒表面对分散剂吸附形成滞流层，从而增大了悬浮液的有效体积。吸附于颗粒表面的滞流层厚度测定数据如表 3-1 所示。

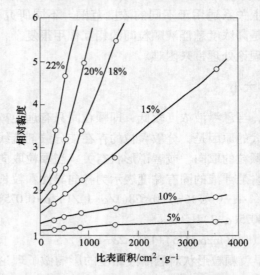

图 3-9　不同浓度的浆体相对黏度与比表面积关系曲线

　　从表 3-1 可以看出，对一种物料而言，滞流层厚度在较广的浓度范围内几乎是一致的，滞流层厚度相对于颗粒大小的比值 δ/d 随着颗粒粒径的减小而增大。

表 3-1　滞留层厚度

试样	统计平均粒径 $d/\mu m$	体积浓度/%					平均滞流层厚度 $\delta/\mu m$	比值 $\dfrac{d}{\delta}$
		$5\mu m$	$10\mu m$	$15\mu m$	$18\mu m$	$20\mu m$		
a	279	6.71	6.15	5.78	6.37	6.98	6.4	43.7
b	210	7.17	6.68	6.18	6.52	5.92	6.7	31.3
c	151	6.77	6.05	5.73	6.43	6.93	6.4	23.6
d	89	5.08	4.35	4.29	5.09		4.7	18.8
e	38	3.33	2.47	2.91	—	—	2.9	13.1

　　颗粒形状和大小对悬浮液相对黏度的影响，除颗粒在运动中的取向及颗粒对分散剂的吸附外，颗粒间的相互作用表现在随着颗粒越不规则、粒度越细，颗粒间的相互作用能就越高，越易凝聚，悬浮液的相对黏度就越大。

　　图 3-10 为不同细度的水煤浆的黏度曲线，可以看出，粒度对水煤浆黏度的

影响很显著，尤其是中值粒径小于 $2\mu m$ 的超细浆，黏度随着剪切速率增大而急剧增大。

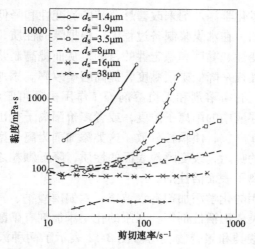

图 3-10 粒度大小对水煤浆流变性的影响

3.6.3 粒度分布

实验表明，在相同浓度下较宽粒度分布的悬浮液比窄粒级悬浮液具有更好的流动性。这是因为较宽粒度分布颗粒具有较高的堆积效率，或悬浮液能达到的最大浓度 C_{max} 值较高。Eilers 及 Frankel 等人的研究均表明，悬浮液的相对黏度 η_r 是 C/C_{max} 的函数，η_r 随 C/C_{max} 减小而增大。例如在水煤浆的制备中，根据颗粒最大堆积原理，提出了最佳"双峰"级配方式，即分散颗粒具有双峰分布。实验证明，在相同浓度下，双峰分布的煤浆比单峰分布的煤浆黏度低得多，如图 3-11 所示。

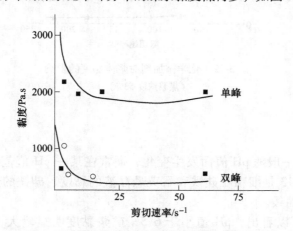

图 3-11 相同浓度下单双峰水煤浆的黏度曲线

3.6.4   化学添加剂

在实践中，通过化学添加剂来改善悬浮液的流变性和降低悬浮液的黏度是一种有效的方法。例如，在水煤浆制备过程中，根据煤的性质，选择适当的添加剂达到改善煤浆的流变性、黏度和稳定性的目的，从而提高制浆浓度。在矿石的磨矿过程中，通过添加剂来降低矿浆黏度，提高磨矿效率。添加剂的种类很多，有离子型和非离子型、有机溶剂和无机溶剂等。作用机理可归纳为两种：（1）通过离子交换降低悬浮液中的阳离子浓度，或者多价阳离子析出和螯合，这种作用能降低颗粒表面 zeta 电位，使颗粒分散。这类添加剂为离子型溶剂。（2）通过药剂分子在颗粒表面的吸附，改变颗粒表面的性质，降低颗粒之间的内摩擦力。这类添加剂主要为非离子表面活性剂。

矿物悬浮液常用的化学添加剂有水玻璃、六偏磷酸钠、三聚磷酸钠、聚丙烯酸钠及各种有机胺类表面活性剂等。煤浆的化学添加剂有磺酸盐类，如十二烷基苯磺酸钠，以及羧酸类和聚合物类等。图 3-12 表示了两种添加剂对煤浆黏度的影响，可以看出，两种化学添加剂都明显降低了煤浆的黏度，代号为 ZX-1 分散剂的降黏效果更为显著。

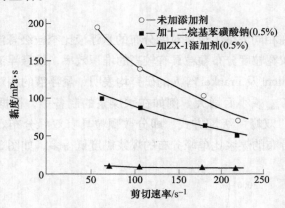

图 3-12   化学添加剂对浆体黏度的影响

（煤浆浓度 53%）

3.6.5   pH 值

悬浮液黏度一般随 pH 值而发生变化，通常在某一 pH 值范围内，黏度变化较为明显。图 3-13 是细颗粒硅铁和石英悬浮液的黏度、硅铁的选别效率与悬浮液 pH 值的关系曲线。

由图 3-13 可以看出，pH 值小于 6.5，矿浆黏度明显增大，pH 值大于 7.0 后，矿浆黏度保持较低数值。悬浮液 pH 值对黏度的影响也是由于颗粒表面电性

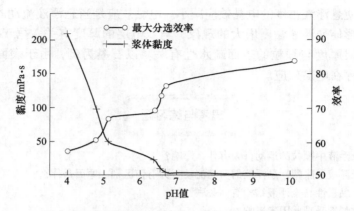

图 3-13　浆体黏度、硅铁分选效率与 pH 值关系曲线

发生改变，从而改变颗粒的凝聚与分散状态。由于颗粒的凝聚使得选别效率明显降低（pH 值小于 6.5 时），而颗粒随 pH 值增大充分分散后，选别效率相应明显增大（pH 值大于 7.0 时）。pH 值对悬浮液黏度的影响与悬浮液浓度有关。浓度较高时，颗粒间距离短，容易形成凝聚，因而受 pH 值影响较大。图 3-14 为某矿浆的相对黏度与浓度的关系曲线，可与看出，当浓度大于 25% 时，悬浮液黏度受 pH 值的影响较明显。

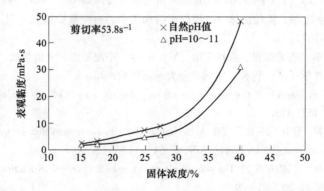

图 3-14　不同 pH 值条件下浆体表观黏度与固体浓度的关系曲线

3.6.6　颗粒表面张力

Saraf 和 Khullar 通过在玻璃和石英颗粒的表面覆盖一层硅油，增大了颗粒的疏水性，使颗粒的水润湿接触角由原来的 10° 增大到 90°，并且发现，颗粒疏水性增大或表面张力降低后，悬浮液的黏度明显降低。经分析，认为有以下两方面的原因：（1）颗粒表面张力降低使表面吸附滞流层厚度减小，如 Singhal 发现具有较低表面张力的聚四氯乙烯塑料颗粒比石英颗粒所吸附的滞流层薄；（2）表

面张力降低使悬浮液黏度的电黏效应减小。电黏效应是当悬浮液流动时，颗粒表面双电层变形使悬浮液黏度增大的现象，与双电层的厚度有关。据 Young 研究，颗粒的双电层厚度与颗粒的表面疏水性有关。以石墨为例，由于表面疏水性很强，一般不存在电黏效应。

思考与练习题

3-1　浓度对悬浮液中颗粒的运动行为有什么影响？

3-2　假塑性悬浮液和胀塑性悬浮液的剪切流动行为有何区别，原因是什么？

3-3　悬浮液的黏塑性与悬浮液结构有何关联？

3-4　悬浮液黏弹性受哪些因素影响？

3-5　化学添加剂影响悬浮液黏弹性的微观机制是什么？

参 考 文 献

［1］王淀佐，邱冠周，胡岳华. 资源加工学［M］. 北京：科学出版社，2015.

［2］谢元彦，杨海林，阮建明. 流变学的研究及其应用［J］. 粉末冶金材料科学与工程，2010，15（1）：1~7.

［3］PRESTIDGE C A. Rheological investigations of ultrafine galena particle slurries under flotation-related conditions［J］. International Journal of Mineral Processing, 1997, 51（1）：241~254.

［4］希利 T W，董宏军. 微粒流体——现代矿物加工中的一个重要概念［J］. 国外金属矿选矿，1994（8）：1~10.

［5］杨小生，陈荩. 选矿流变学及其应用［M］. 长沙：中南工业大学出版社，2000.

［6］谢广元. 选矿学［M］. 徐州：中国矿业大学出版社，2016.

［7］TADROS T F. Control of the properties of suspensions［J］. Colloids and Surfaces, 1986, 18（2~4）：137~173.

［8］KRIEGER I M, DOUGHERTY T J. A mechanism for non-Newtonian flow in suspensions of rigid spheres［J］. Journal of Rheology, 1959, 3（1）：137~152.

［9］KRIEGER I M, EGUILUZ M. The second electroviscous effect in polymer latices［J］. Journal of Rheology, 1976, 20（1）：29.

［10］PROBSTEIN R F, SENGUN M Z, TSENG T C. Bimodal model of concentrated suspension viscosity for distributed particle sizes［J］. Journal of Rheology, 1994, 38（4）：811~829.

［11］THOMAS R H, WALTERS K. On the flow of an elastico-viscous liquid in a curved pipe under a pressure gradient［J］. Journal of Fluid Mechanics, 1963, 16（2）：228~242.

［12］BUSCALL R, MILLS P D A, Stewart R F, et al. The rheology of strongly-flocculated suspensions［J］. Journal of Non-Newtonian Fluid Mechanics, 1987, 24（2）：183~202.

［13］JEFFERY F H. Electrolysis with an aluminium anode the anolyte being：Ⅰ. Solutions of sodium nitrite；Ⅱ. Solutions of potassium oxalate［J］. Physical Chemistry Chemical Physics, 1923, 19（7）：52~55.

[14] WARD S G, WHITMORE R L. Studies of the viscosity and sedimentation of suspensions Part V. The viscosity of suspension of spherical particles [J]. British Journal of Applied Physics, 1950, 1 (11): 286~307.

[15] EILERS J, POSTHUMA S A, SIE S T. The shell middle distillate synthesis process (SMDS) [J]. Catalysis Letters, 1990, 7 (1): 253~269.

[16] FRANKEL E N, HUANG S W, Kanner J. Interfacial phenomena in the evaluation of antioxidants: bulk oils vs emulsions [J]. Journal of Agricultural and Food Chemistry, 1994, 42 (5): 1054~1059.

[17] SARAF D N, KHULLAR S D. Some studies on the viscosity of settling suspensions [J]. Canadian Journal of Chemical Engineering, 1975, 53 (8): 449~463.

[18] SINGHAL A K, DRANCHUK P M. The use of modified threshold pressure for determining the wettability of packs of equal spheres [J]. Powder Technology, 1975, 11 (1): 45~50.

4 流变测量学

流变学是一门实验科学，反映悬浮体流变特性的流变参数，如黏度、屈服应力、黏性模量、弹性模量等，均需要通过实验测定。测量技术与理论在流变学中占有重要地位。工业悬浮液作为多相混合体系，测量其流变性较为困难，对于生产过程中的实时在线测量，则更为困难。因此，在流变学理论技术的发展过程中，流变测量技术的发展和应用逐步成为研究的热点，本章对流变学测量技术的发展历史、现状、前沿进行介绍。

4.1 流变测量学概述

随着材料流变学的发展，流变测量的方法和仪器也日臻完善。流变测量的目的至少可归纳为三个方面：

（1）物料的流变学表征。这是最基本的流变测量任务，通过测量掌握物料的流变性质与体系的组分、结构及测试条件的关系，为材料设计、配方设计、工艺设计提供基础数据，进而通过流变学控制而达到期望的加工流动性和主要物理力学性能。

（2）工程的流变学研究和设计。借助流变测量研究聚合反应工程，高分子加工工程及加工设备、模具设计制造中的流场及温度场分布，确定工艺参数，研究极限流动条件及其与工艺过程的关系，为实现工程优化，完成设备与模具 CAD 设计提供定量依据。

（3）检验和指导流变本构方程理论的发展。这是流变测量的最高级任务。这种测量必须是科学的，经得起验证的。通过测量，获得材料真实的黏弹性变化规律及与材料结构参数的内在联系，检验本构方程的优劣。

由此，流变测量学首先必须担当起如下两项任务：在理论上，要建立各种边界条件下的可测量（如压力、扭矩、转速、频率、线速度、流量、温度等）与描写材料流变性质但不能直接测量的物理量（如应力、应变、应变速率、黏度、模量、法向应力差系数等）间的恰当联系，分析各种流变测量实验的科学意义，估计引入的误差。在实验技术上，要能够完成在很宽的黏弹性变化范围内（往往跨越几个乃至十几个数量级的变化范围），针对从稀溶液到熔体等不同高分子状态的体系的黏弹性测量，并使测得的量值尽可能准确地反映体系真实的流变特性和工程的实际条件。

根据物料的形变历史，流变测量实验可分为：稳态流变实验，即剪切速率场、温度场恒为常数，不随时间变化；动态流变实验，即应力和应变场交替变化，振幅小，正弦规律变化；瞬态流变实验，即应力或应变阶跃变化，相当于突然的起始流或终止流。

目前剪切流场的实验研究得透彻，测量仪器已基本定型；而拉伸流场的实验因其复杂性尚未完全定型，研究者往往自行设计。

常用的流变测量仪器可分以下几种类型：

（1）毛细管型流变仪。根据测量原理不同又可分为恒速型（测压力）和恒压力型（测流速）两种。通常的高压毛细管流变仪多为恒速型；塑料工业中常用的熔融指数仪属恒压力型毛细管流变仪的一种。（2）转子型流变仪。根据转子几何构造的不同又分为锥-板型、平行板型（板-板型）、同轴圆筒型等。橡胶工业中常用的门尼黏度计可归为一种改造的转子型流变仪。混炼机型转矩流变仪，实际上是一种组合式转矩测量仪。除主机外，带有一种小型密炼器和小型螺杆挤出机及各种口模。优点在于其测量过程与实际加工过程相仿，测量结果更具工程意义。常见的有 Brabender 公司和 Haake 公司生产的塑性计。（3）振荡型流变仪。用于测量小振幅下的动态力学性能，其结构同转子型流变仪，只是通过改造控制系统，使其转子不是沿一个方向旋转，而是作小振幅的正弦振荡。所谓的 Weissenberg 流变仪属于此类。

4.2 流变性测量技术发展简史

流变学测量技术是随着力学以及计算机自动化技术的发展而发展并完善的。最开始，人们只能采取简单的手工测试，确定材料的流变性（主要是黏度）。典型的测试手段包括抹刀测试、触指测试、流杯测试等，具体测量过程简述如下。

（1）抹刀测试。使用抹刀舀取要测试的样品，然后将抹刀固定在水平位置或朝下稍稍倾斜。黏稠的高黏度非流动性膏状体将粘在抹刀上持续很长的时间而不会滴落，而较稀薄的低黏度分散液将因自身重量快速流掉，如图 4-1 所示。抹刀测试是一种简单的定性研究材料流变性的技术。

（2）触指测试。即用手指感受膏状体、黏合剂、印刷用油墨、润滑脂、沥青或面团的硬度、刚度、脆性、黏稠度或黏性。"长"特性意味着样品容易出现拉丝性能，而"短"特性意味着将发生脆性断裂，并且不会出现拉丝性能，如图 4-2 所示。这也是一种确定材料流变性的简单的、定性的研究方法，在人们的日常生活中比较常用。

（3）流杯测试。用于低黏度液体的简单质量控制。测得的参数是规定量的

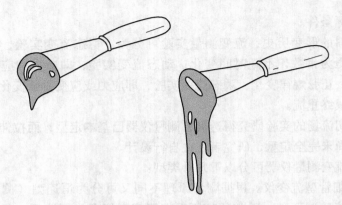

图 4-1　用于确定流体黏性的抹刀测试

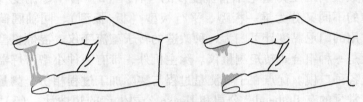

图 4-2　用于确定黏性的触指测试

液体流过杯子底部小孔所需的流动时间。流动时间越短，样品的黏度越低。此测量值取决于重力，如图 4-3 所示。适用于此类测试的典型样品包括矿物油、溶剂基涂料、低黏度凹版和柔性版印刷用油墨。流杯测试虽属于定性测试，但是可以通过流动时间实现材料流变性测试的初步量化。

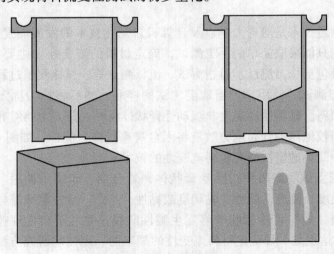

图 4-3　用于确定黏性的流杯测试

　　上述三种测量方式均属于定性简单的测试，一般用于几种材料的黏性相互比较，而不能测量出材料的绝对黏度。1945 年，美国 Brookfield 公司研发出首台旋转黏度计，使用一个同轴圆筒转子，用于测量各种非牛顿流体的黏度，但是这种黏度计只能在固定且有限的剪切速率下测量物质的黏度，存在很大的局限性。1951 年，Weissenberg 公司开发出首台旋转流变仪，通过测量出剪切应力进而测量出了设定剪切速率下的流动曲线。自 1970 年，使用流变仪可以采用连续的流动曲线测量，从而代替了以前的单点测试。自 1980 年，在流变仪上开始大规模配套使用数字控制和计算机技术，材料的流变性测试实现了自动化、智能化。

　　在实验室或者浮选现场的浮选过程中，矿物悬浮液的固体浓度较高且不透明，矿物悬浮液的结构难以直接观测、判断，因而在浮选过程中由于颗粒间作用导致的选择性聚集与分散行为也难以判断与量化，这给研究浮选微观过程与优化浮选指标带来了极大的困难。图 4-4 是选矿过程中矿物悬浮液的一种模拟颗粒网络的空腔结构。由此结构可知，通过直接观测的方法得到矿物悬浮液的结构是很困难的。

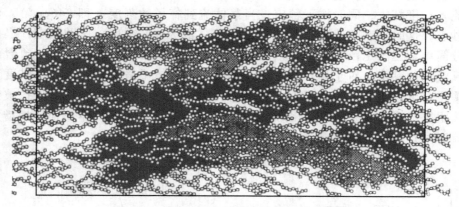

图 4-4　浮选矿浆的模拟颗粒网络空腔结构

　　矿物悬浮液的流变性是指矿物悬浮液在剪切力场作用下流动与变形的性质。在浮选领域内，矿物悬浮液的流变性一般通过浆体的流体类型指数、表观黏度、屈服应力、稠度系数等流变学参数进行量化。通过测定矿物悬浮液在剪切力场作用下结构被破坏进而发生变形、流动的过程中的流变性变化，可以了解到矿物悬浮液的结构特征。这些结构特征同样可以通过矿物悬浮液的流变性参数进行表征。由此，矿物颗粒悬浮液的结构可以通过悬浮液的流变参数实现表征与量化。在研究具有多种矿物颗粒组成的悬浮液的浮选微观过程中，矿浆流变性实时反映了矿物悬浮液的结构。

4.3　毛细管测量法

毛细管测量法是指在一定温度下，当流体在直立的毛细管中以完全湿润管壁的状态流动时，其黏度与流动时间成正比的测量方法。

利用毛细管法制成的黏度计有玻璃黏度计、Marsh 漏斗黏度计和给压毛细管黏度计三种。

（1）玻璃黏度计。玻璃毛细管黏度计结构如图 4-5 所示，其测量原理主要是通过测量毛细管两段的压力差从而计算出黏滞力，进而计算出黏度。玻璃黏度计由于其材料和结构的限制，对于高黏度、不透明的液体适应性较差，因为残留于容壁的液体将妨碍对液面位置的观察。所以玻璃黏度计不太适合选矿过程的浆体，特别是针对高密度、粗颗粒矿浆的流变性测量。

（2）Marsh 漏斗黏度计。Marsh 漏斗黏度计结构如图 4-6 所示，其操作过程为：拿起漏斗，并用手指将孔端堵住，把浆体通过漏斗上端的筛网倒入漏斗，直到淹没筛网，这时相应的浆体体积为 1500cm³。握住漏斗，让浆体开始流入刻度杯中，同时按下秒表，当浆体流到杯子的刻度（即 946cm³），停住秒表，这时秒表的读数（秒）即所测浆体的 Marsh 黏度。这种黏度计操作十分简单，但测定范围有限，只能测定一定流速下浆体的表观黏度，或看作牛顿流体的黏度。对于具有非牛顿流体特性的浆体不适用。另外，该黏度计的测量精度也不高。其主要误差来源有：（1）标定误差；（2）出流孔被浆状物阻塞造成的误差；（3）出流时间过长，如浆体形成胶凝体，则变相增大出流时间；（4）出流时间测不准。

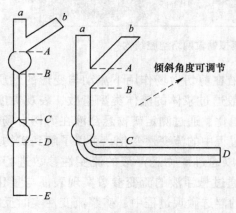

图 4-5　玻璃毛细管黏度计

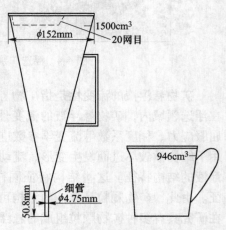

图 4-6　Marsh 漏斗黏度计

（3）给压毛细管黏度计。给压毛细管黏度计结构如图 4-7 所示，该黏度计以泵作为动力系统，管中的压差由压差传感器测定，压差信号和流量信号由计算机进行自动处理。由于流体流入管道后需要流经一段距离后才能形成稳定的流速分布，因此该装置充分考虑了入口段长度，使测定的压差为稳定流动后某两点的压差值，从而消除了入口效应造成的测定误差。这种黏度计的特点是：依靠泵或压缩气体等动力系统，使流体在管中产生不同的流速，通过测定管两端的压差和管中的流量来确定流体的流变参数。这种黏度计不仅适用于牛顿流体，也适用于非牛顿流体的流变性测量。

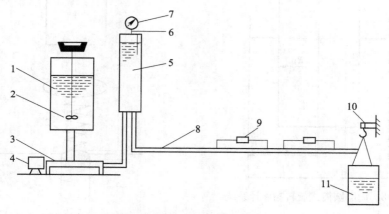

图 4-7　给压毛细管黏度计

1—搅拌筒；2—搅拌装置；3—可调速曲杆泵；4—调速电机；5—密封缓冲容器；
6—温度传感器；7—压力表；8—管路；9—差压传感器；10—重置传感器；11—稳重容器

4.4　旋转测量法

（1）旋转黏度测量法。包括同心圆筒式旋转黏度计、单圆筒旋转黏度计、锥板旋转黏度计、平行板旋转黏度计等，其核心测量部件如图 4-8~图 4-11 所示。旋转黏度法测量的基本原理是通过测量样品被破坏过程中的扭矩变化与形变而测量样品的黏度，针对不同物理化学性质的样品，采取不同的测量系统。使用旋转黏度测量法存在的问题主要有：

1）剪切率的确定。由于浆体的流变性较复杂，测量时剪切率需要修正，偏离牛顿流体的程度越大，修正误差就越大。

2）颗粒径向和轴向移动造成的测量误差。在离心力和重力的作用下，颗粒在径向和轴向产生运动，使测量结果出现误差，因为在测量公式推导中假设被测流体为二维平面旋转运动。

3）筒壁滑动效应。在推导测量公式时，假设流体在筒壁上无滑动。由于两圆筒之间的流场应力为不均匀流场，浆体颗粒向应力减小方向移动，使筒壁上浓度改变产生滑动，所测表观黏度偏离真实值。

4）特征尺寸的影响。颗粒大小对于流体微粒可以忽略，而面对分散系浆体来说，颗粒大小往往是不能忽略的，从而与层流假设相矛盾，必然产生测试上的误差。

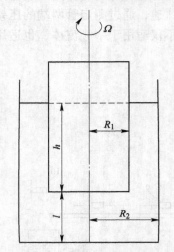

图 4-8　同心圆筒式旋转黏度计系统

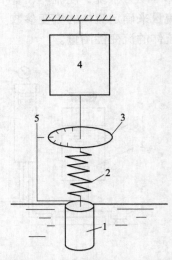

图 4-9　单圆筒旋转黏度计的结构简图
1—圆筒；2—弹簧部件；3—刻度盘；
4—电机；5—测力装置

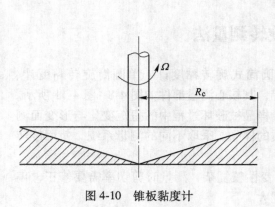

图 4-10　锥板黏度计

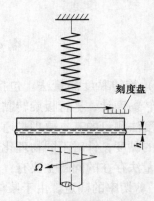

图 4-11　平行板旋转黏度计

（2）流变仪测量法。与旋转黏度测量法类似，主要是采用对应的旋转流变仪对样品进行连续的流动曲线的测量。针对样品的性质，分为不同的测量系统，包括锥板/平行板测量系统、同心圆筒测量系统、平行板测量系统等，其主要结构如图 4-12 所示。现代流变仪可用于剪切测试和扭摆测试。它们以连续扭转和旋转振动的方式工作。特定的测量系统可用于执行沿一个运动方向进行的单轴拉伸测试，或者进行振荡测试。

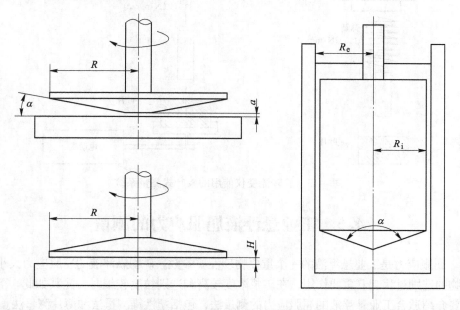

图 4-12　旋转流变仪使用的锥板/平行板测量系统、同心圆筒测量系统、平行板测量系统

　　在常见的几种测量系统中，锥板/平行板系统适用于所有类型的液体，但是，在测量悬浮液时，存在特定的最大粒子尺寸限制。锥板/平行板系统的优点是样品需要量较少，可以快速调整温度且清洗方便，其缺点在于对悬浮液中颗粒的尺寸有要求；同心圆筒测试系统通常用于测试低黏度的液体，其优点在于加样操作简单，缺点在于需要的样品量大；平行板系统适用于膏状体、凝胶、软固体或者高黏度的聚合物溶体等样品，其优点在于需要的样品量少，间隙可调，因而对样品的粒度没有要求，其缺点在于在平行板的边缘处可能会出现样品流出间隙或者结膜等问题。

　　然而，上述几种黏度计或者流变仪均不能有效地避免矿物悬浮液中矿物颗粒沉降带来的负面影响。针对这个缺点，选矿工作者陆续提出了采用桨叶式测量系统对矿物加工领域内的矿浆的流变性进行相对测量。目前比较成熟的桨叶式测量系统如图 4-13 所示。在桨叶式测量系统中，通过测量桨叶剪切矿浆需要的扭矩可以计算得到剪切应力，同时根据矿浆运动的情况记录矿浆的剪切速率，就可以得到矿浆的流动曲线，进而对矿浆的流变性进行分析。桨叶式测量系统是目前矿物加工领域内研究矿浆流变性的常用测量系统。

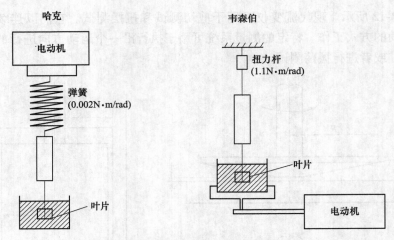

图 4-13　旋转流变仪使用的桨叶式测量系统

4.5　工业悬浮液屈服应力的测量

屈服应力是工业悬浮液的一个重要物理性质参数。矿物悬浮液的屈服应力大小对矿物的选别过程起着重要作用，在矿浆浓度较高和选别粒度较细时，尤其如此。下面简要介绍适合工业悬浮液的屈服应力的测量法，包括塑性锥测量法和薄片测量法。

4.5.1　塑性锥测量法

塑性锥测量法测量原理如图 4-14 所示。将金属制成的圆锥体放入被测试样中，锥体逐渐下降到一定深度 H 时，达到平衡状态。这时侧面上所受的剪切应力为式样的屈服应力 τ_y。在垂直方向，应力的总合力与重力及施加于锥体上的载荷平衡，即：

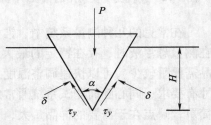

图 4-14　塑性锥测量法

$$\frac{\tau_y \pi H \tan\dfrac{\alpha}{2} \cdot \dfrac{H}{\cos\dfrac{\alpha}{2}}}{\cos\dfrac{\alpha}{2}} - P = 0 \qquad (4\text{-}1)$$

即：

$$\tau_y = \frac{\cos^3\dfrac{\alpha}{2} P}{\pi \sin\dfrac{\alpha}{2} H^2}$$

上式最终可写成：

$$\tau_y = \varphi \cdot P / H^2 \qquad (4\text{-}2)$$

式中，φ 为圆锥体常量，当顶角 α 分别为 $30°$、$45°$ 和 $60°$ 时，φ 分别为 1.11、0.658 和 0.413。

4.5.2 薄片测量法

将塑料或金属薄片浸入被测浆体中，在片顶施加拉力，当拉力逐渐增加时，剪切应力随之增加。当薄片发生可以觉察到的流动时，剪切应力达到极限值屈服应力 τ_y，如图 4-15 所示。

在使用该方法时，塑料或金属薄片不宜太光滑，以保证薄片上随有一层浆体，使剪切流动发生在浆体之间。设薄片被拉动时拖于片顶的拉力与薄片重合的合力为 P，薄片宽度为 b，浸入浆体的深度为 H，则屈服应力 τ_y 由以下平衡式得到：

$$\tau_y \cdot 2Hb - P = 0 \qquad (4\text{-}3)$$
$$\tau_y = P / (2Hb) \qquad (4\text{-}4)$$

图 4-16 是测定混凝土的屈服应力所用的薄片法仪器。该仪器由 500g 天平改装而成。天平一端秤盘下由金属丝钩住预先浸在试验矿浆中的塑料片。塑料片是用玻璃纤维增强的电工绝缘薄板，表面略为粗糙，尺寸为 3cm×7.5cm。另一端秤盘中放置烧杯，实验前先用砝码平衡，挂上塑料片后，向烧杯中滴水。当天平游标开始偏转，立即停止滴水。然后量出烧杯中的水的体积 $V(\text{mL})$，浆体的屈服应力即为：

$$\tau_y = V / (2Hb) \qquad (4\text{-}5)$$

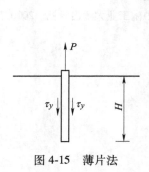

图 4-15　薄片法

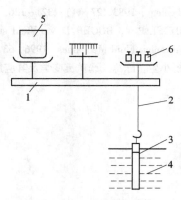

图 4-16　薄片法仪器示意图

1—天平；2—金属丝；3—塑料片；
4—试验矿浆；5—烧杯；6—砝码

思考与练习题

4-1 流变学测量的基本原理是什么?

4-2 毛细管式测量法主要有哪些类型?

4-3 旋转测量法主要有哪些类型及其适用的工业悬浮液类型有哪些?

4-4 工业悬浮液屈服应力测量的主要原理及测量方法是什么?

参 考 文 献

[1] XIE K, QIAN J, QIN X. Design of the Rotary Viscometer with ARM as the Kernel [J]. Process Automation Instrumentation, 2011 (5): 18~22.

[2] 胡监安, 秦毅. 旋转式黏度计工作原理及其主要部件设计 [J]. 同济大学学报: 自然科学版, 1994, 22 (3): 390~394.

[3] 张林仙. 利用旋转黏度计测量非牛顿流体的流变特性 [J]. 黄石高等专科学校学报, 2003, 19 (2): 5~8.

[4] KAWATRA S K, BAKSHI A K. On-line measurement of viscosity and determination of flow types for mineral suspensions [J]. International Journal of Mineral Processing, 1996, 47 (3~4): 275~283.

[5] CRUZ N, PENG Y. Rheology measurements for flotation slurries with high clay contents-A critical review [J]. Minerals Engineering, 2016, 98: 137~150.

[6] 王昌永. 流变仪发展现状及其技术关键 [J]. 试验机与材料试验, 1986 (2): 3~7.

[7] TADROS T F. Rheology of dispersions: principles and applications [M]. John Wiley & Sons, 2011.

[8] DZUY, QUOC N. Yield Stress Measurement for Concentrated Suspensions [J]. Journal of Rheology, 1983, 27 (4): 321~326.

[9] LIDDEL P V, BOGER D V. Yield stress measurements with the vane [J]. Journal of Non-Newtonian Fluid Mechanics, 1996, 63 (2~3): 235~261.

[10] 杨小生, 陈荩. 选矿流变学及其应用 [M]. 长沙: 中南工业大学出版社, 2000.

5 磨矿过程矿浆流变学

5.1 磨矿概述

磨矿作业是矿石破碎过程的继续，是分选前准备作业的重要组成部分。磨矿作业不仅用于选矿工业，而且在建筑、化学和电力等工业部门中亦有广泛应用。

磨矿是实现矿石中各矿物间单体解离的重要工艺过程，选矿厂生产过程中几乎都有磨矿作业。在选矿工业中，当有用矿物在矿石中呈细粒嵌布时，为了能把脉石从矿石中除去，并把各种有用矿物相互分开，必须将矿石磨细至 0.1 ~ 0.3mm，甚至有时磨细至 0.05mm 以下。磨矿细度与分选指标有着密切的联系。在一定程度上，有用矿物的回收率随着磨矿细度的减小而增加。因此，适当减小矿石的磨碎细度能提高有用矿物的回收率和产量。磨矿所消耗的动力占选矿厂动力总消耗的 30% 以上。因此，磨矿作业在选矿工艺流程中占有很重要的地位。

5.2 矿浆的黏性效应

为了观察矿浆黏性对磨矿速率的影响，Schweyer 于 1949 年首先采用空气、水和甘油做悬浮介质考察了砾磨机中石英砂的磨矿速率，发现磨机转数在 2000 转之前，以新生产表面计算的磨矿速率为常数，当转数超过 2000 转后，磨矿速率开始降低，这一现象被认为是随转数增加，磨矿粒度减小造成矿浆黏度增大而引起的。图 5-1 是 Hockings 等人采用不同黏度的矿浆进行的棒磨磨矿试验结果。可以看出对不同磨矿时间来说，矿浆黏度达到一定值时磨矿速率开始明显下降，而在此黏度之前，磨矿速率保持不变。

上述试验结果表明矿浆在磨矿过程中存在着临界黏度，高于此黏度，矿浆的磨矿速率将明显降低。

Harris 将磨矿过程分解为两种主要行为，即矿浆的流动过程和应力作用过程，因此任何影响以上过程的因素都会影响磨矿效率。Hockings 等人更具体地研究了矿浆黏性的作用，认为：（1）由于黏性作用降低了颗粒的沉降速度，从而影响悬浮状态下颗粒含量或磨机筒壁上的颗粒量；（2）随着矿浆黏度增大，更多的矿浆由磨机表面带动上升，破碎区域的矿浆减小，从而使其冲击能量和频率都降低。另外矿浆中颗粒的黏性阻力将阻碍颗粒进入破碎区域。

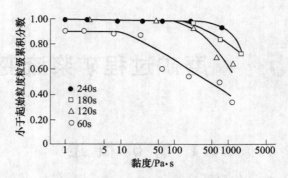

图 5-1　小于起始粒度粒级累积分数与矿浆黏度关系曲线

矿浆黏性力对细粒磨矿的影响更为明显，Tanaka 和 Suzuki 的研究表明，细粒磨矿速率的降低与细颗粒在黏性流中的运动行为有关。黏性流分布于较大阻力体（如磨矿介质）周围，由于颗粒较小，黏性力使其在阻力体周围流动而不是与其发生碰撞，即黏性力阻碍了微细矿物颗粒与磨矿介质互相接近到足够小的距离。在黏性流中两个相接近的球体之间遵从以下公式：

$$\frac{\mathrm{d}h}{\mathrm{d}t} = -\frac{Fh}{6\pi\eta b^2} \tag{5-1}$$

式中，h 为半径 b 的球之间的距离；η 为流体动力黏度；F 为作用在运动球体上的力，对大多数磨机而言，F 以重力为主。

当球踢相互接近时，随时间的延长而逐渐减慢，小于某临界尺寸的颗粒将不能被破碎，这一临界尺寸由下式确定：

$$h = \exp\left(-\frac{FT}{6\pi\eta b^2}\right)_{\min} \tag{5-2}$$

式中，T 为磨矿时间。

式（5-2）表明矿浆黏度越大，被破碎颗粒的临界尺寸越大，也就是说越细的颗粒越不容易磨碎。

Fuestenan 等从磨矿介质的运动学角度，分析了矿浆黏度对磨矿的影响，提出了矿浆临界黏度的计算方法。假想一个磨矿介质球体的受力如图5-2（a）所示，该磨矿介质球体周围有一层黏性矿浆覆盖，附着在磨机筒壁上，由球体的运动分析可以得到，当球体达到 C 点而不会从筒壁上脱离，则球体将作离心运动，并失去磨矿作用。由于沿径向的力的作用，球体具有脱离筒壁的趋势，此过程需要通过一层黏性矿浆层，从而造成球体与筒壁的负压区，引起周围矿浆向此负压区流动（图5-2（b））。

Perqagin 等人计算了磨矿介质球体通过一黏度为 η 的流体向着或离开一水平

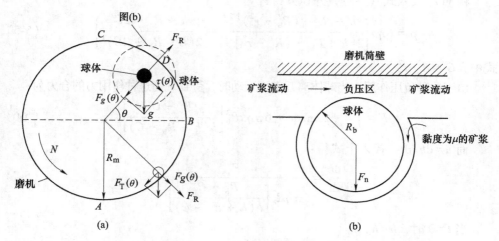

图 5-2 矿浆临界黏度的计算方法
（a）磨机内单一球体的受力；（b）黏附于磨机桶壁上的球体

表面运动而引起的径向压力梯度，计算模型如图 5-3 所示，径向压力梯度的表达式见式（5-3）。

$$\frac{\mathrm{d}p}{\mathrm{d}r} = \frac{6\eta ur}{[y(r)]^3} \quad (\text{当 } r = r_\mathrm{m}, \ p = 0) \tag{5-3}$$

式中，$\frac{\mathrm{d}p}{\mathrm{d}r}$ 为径向压力梯度；u 为球体运动速度；r 为平行于水平表面的断面部分的半径；$y(r)$ 为断面半径为 r 时距水平面的距离。由图 5-3 可知：

$$y(f) = h + x = h + R_\mathrm{b} - (R_\mathrm{b}^2 - r^2)^{1/2} \tag{5-4}$$

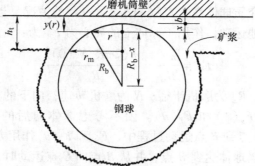

图 5-3 球体在磨机筒壁矿浆层的几何尺寸

将 $y(r)$ 代入式（5-3），并积分得：

$$p = 6\eta u \left\{ \frac{h + R_b - (R_b^2 - r^2)^{1/2}}{2[h + R_b - (R_b^2 - r^2]^{1/2}} - \frac{h + R_b - 2C}{2(h + R_b - 2C)^2} \right\} \tag{5-5}$$

式中，$C^2 = R_b^2 - r_m^2$。

由于这种负压作用，当球体离开表面运动时，受到平衡这种作用力的合力为：

$$F = \int_0^{r_m} - p2\pi r \mathrm{d}r = 6\pi \eta u R_b^2 \left[\frac{R_b - C}{h(h + R_b - C)} \right] \tag{5-6}$$

而 $u = \mathrm{d}h/\mathrm{d}t$，代入上式得：

$$\frac{\mathrm{d}h}{\mathrm{d}t} = \frac{F}{6\pi \eta R_b^2 \left[\dfrac{R_b - C}{h(h + R_b - C)} \right]} \tag{5-7}$$

当 $t = 0$ 时，$h = h_0$

当 $t = t_f$ 时，$h = h_t$

其中，t_f 为球体在 F 力作用下完全脱离厚度为 h_t 和黏度为 η 的矿浆所需时间。

为了将以上分析推广到磨矿过程，Fuestenau 做出下列假设：

（1）球体相对于磨机筒壁来说是稳定的；

（2）球体与筒壁间的起始距离一定，并且比较小；

（3）筒壁相对于磨矿球体曲率可以看成是平的；

（4）矿浆分布于磨矿介质与磨机筒壁之间，并正比于它们的相对表面积；

（5）矿浆层相对于磨机筒壁是稳定的；

（6）矿浆层为牛顿体。

Rose 和 Sullivan 曾观察到磨机运转中磨球确实没有向后滑动和在它们的轴线上转动，这一观察结果与假设（1）相吻合。

当矿浆浓度较高时，流体特性一般表现为伪塑性体，流变方程中包含有屈服应力项。假设为牛顿体只是为了简化分析过程。

考虑一个磨矿介质球体在 A 点（图5-2（a））的情况，当磨机转动时球与磨机筒壁一起无滑动地运动，作用于球体上的离心力 F_R 为：

$$F_R = \frac{mV^2}{R_m} = \frac{m(2\pi R_m N/60)^2}{R_m} \tag{5-8}$$

式中，m 为球质量；R_m 为磨机半径；N 为磨机转速；向下的重力 F_R 可分解成径向和切向的分量，$F_g(\theta)$ 和 $F_T(\theta)$。因不考虑球体向后的滑动，这里可忽略 $F_T(\theta)$，在球体从 A 点到 B 点运动过程中，F_R 和 $F_g(\theta)$ 作用方向都是向外的，球体附着在筒体上；当球体达到 B 点，并从 B 点向 C 点运动时，重力分量 $F_g(\theta)$ 与 F_R 方向相反。$F_g(\theta)$ 随着转动角度的增大而增大，当达到某一转动角 $\theta = \theta_{cr}$ 时，$F_g(\theta)$ 和 F_R 达到相等，方向相反，即：

$$F_g(\theta_{cr}) = mg\sin\theta_{cr} = F_R \tag{5-9}$$

在 $\theta_{cr} \leqslant \theta \leqslant \pi/2$ 范围，沿径向方向的合力为：

$$F(\theta) = F_g(\theta) - F_R \quad \theta_{cr} \leqslant \theta \leqslant \pi/2 \tag{5-10}$$

其均值为：

$$\overline{F} = \int_{\theta_{cr}}^{\pi/2} \frac{F(\theta)\mathrm{d}\theta}{(\pi/2 - \theta_{cr})} \tag{5-11}$$

将式（5-9）代入式（5-11）并积分得：

$$\overline{F} = \frac{mg\cos(\theta_{cr})}{\pi/2 - \theta_{cr}} - \frac{m(2\pi R_m N/60)^2}{R_m} \tag{5-12}$$

$\overline{F}$ 为使球体脱离筒壁的沿径向的平均拉力，将 $\overline{F}$ 代替式（5-6）中的 F，可以得到球体脱离筒壁的时间为：

$$t = \frac{6\pi\eta R_b^2}{\overline{F}}\ln\left[\frac{h_t}{h_0}\left(\frac{h_0 + R_b - C}{h_t + R_b - C}\right)\right] \tag{5-13}$$

从而得到临界黏度：

$$\eta_{cr} = \frac{\overline{F}t_f}{6\pi\eta R_b^2\ln\left[\frac{h_t}{h_0}\left(\frac{h_0 + R_b - C}{h_t + R_b - C}\right)\right]} \tag{5-14}$$

其中，

$$t_f = \frac{60}{N}\left(\frac{\pi/2 - \theta_{cr}}{2\pi}\right) \tag{5-15}$$

为磨机转过 $\pi/2 - \theta_{cr}$ 角度的时间，产生抛落或滞落运动的球体脱离筒体的时间应小于 t_f。

5.3　矿浆的流变性与磨矿速率

对矿浆流变性与磨矿速度的关系的研究以 Klimpel 等人的工作最具代表性。

Klimpel 等人对磨矿过程矿浆的流变学特性进行了确定，他们把矿浆分成三种类型（见图 5-4）：

（1）矿浆中固体体积浓度低于 40%~45%，这时黏度较低，流变特性为膨胀体，磨矿速度遵循一级磨矿动力学规律（First-order），磨机的处理能力随矿浆浓度的变化不明显；（2）矿浆浓度为 45%~55%，黏度增高，矿浆流变特性为假塑性体，磨矿仍符合一级动力学规律，但磨矿速度高于膨胀体，磨机的处理能力随浓度而提高的幅度较大，磨矿效率较高；（3）矿浆浓度过高，屈服应力急剧增

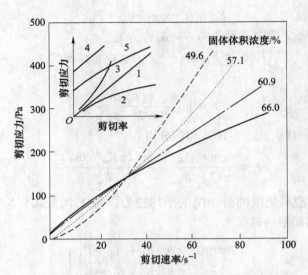

图 5-4　固体体积浓度对矿浆流变特性的影响
1—牛顿体；2—假塑性体；3—膨胀体；4—宾汉塑性体；5—屈服假塑性体

大，流变特性表现为高屈服应力的塑性体，这时磨矿速度降低，表现为非一级动力学规律，磨机处理能力大幅度下降。由此可见，为了提高磨矿速度，矿浆流变性应有一特定的要求。

　　图 5-5 是 Austin 等人进行的不同磨矿时间的磨矿速度曲线，可以看出随着磨矿时间延长，磨矿速度不断减小。与此相对应，从图 5-6 可以看出不同磨矿时间的矿浆的流变曲线。由图 5-6 可看出，随着磨矿时间增大，矿浆的非牛顿流体特性增大，屈服应力增大。图 5-7 是用煤浆作出的不同磨矿时间的流变曲线，这些曲线也反映了上述规律。

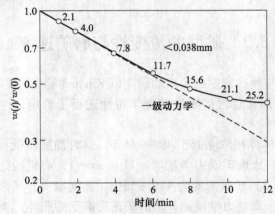

图 5-5　磨矿行为随时间的变化

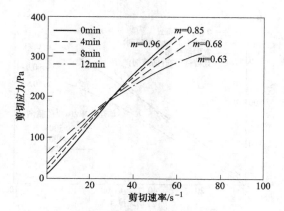

图 5-6　煤浆流变性随磨矿时间的变化
（给矿粒度 0.25～0.3mm）

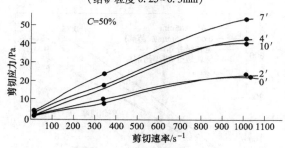

图 5-7　不同磨矿时间剪切应力与剪切速率关系
（煤浆，给矿粒度 0.106～0.212mm，50%）

　　除了磨矿时间（实际是磨矿细度），影响矿浆流变性的重要因素是矿浆浓度，图 5-8～图 5-16 是不同浓度矿浆的流变曲线，可以看出，随着矿浆浓度的增

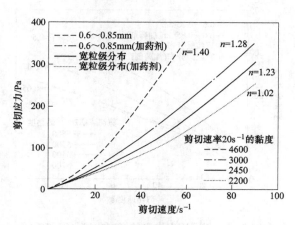

图 5-8　不同浓度煤浆的流变曲线（57.0%）

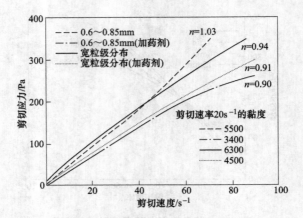

图 5-9　不同浓度煤浆的流变曲线（64.1%）

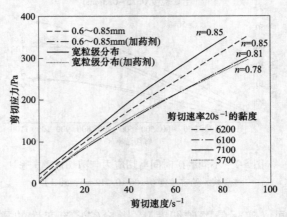

图 5-10　不同浓度煤浆的流变曲线（67.6%）

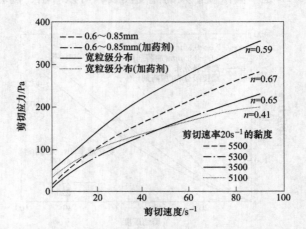

图 5-11　不同浓度煤浆的流变曲线（72.3%）

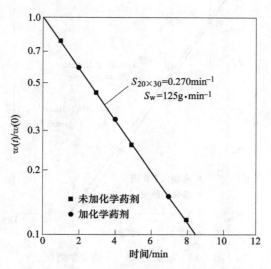

图 5-12 批次磨矿一级动力学曲线
（煤样，0.6~0.85mm，57.0%）

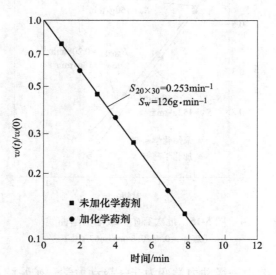

图 5-13 批次磨矿一级动力学曲线
（煤样，0.6~0.85mm，60.6%）

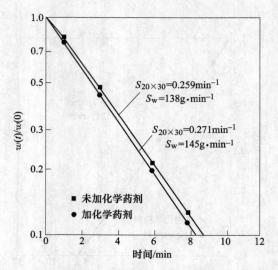

图 5-14 批次磨矿一级动力学曲线
（煤样，0.6~0.85mm，64.1%）

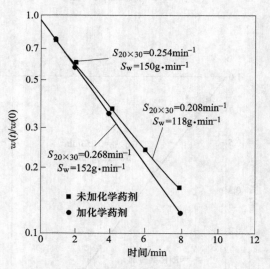

图 5-15 批次磨矿一级动力学曲线
（煤样，0.6~0.85mm，67.6%）

大，磨矿动力学曲线由一级动力学变为非一级动力学。矿浆浓度增大，矿浆流变特性将发生改变，具体表现为矿浆由牛顿流体变为明显的非牛顿流体，而这是磨矿动力学过程发生变化的重要因素。

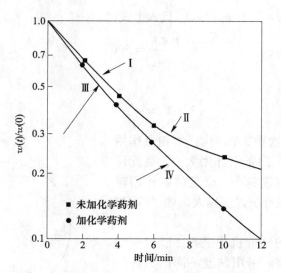

图 5-16 批次磨矿一级动力学曲线

（煤样，0.6~0.85mm，72.3%）

I —$S_{20 \times 30} = 0.194 \mathrm{min}^{-1}$，$S_\mathrm{W} = 120 \mathrm{g/min}$；II —$S_{20 \times 30} = 0.087 \mathrm{min}^{-1}$，$S_\mathrm{W} = 54 \mathrm{g/min}$；

III —$S_{20 \times 30} = 0.218 \mathrm{min}^{-1}$，$S_\mathrm{W} = 134 \mathrm{g/min}$；IV —$S_{20 \times 30} = 0.176 \mathrm{min}^{-1}$，$S_\mathrm{W} = 109 \mathrm{g/min}$

5.4 粉体物料的流动性与磨矿速率

Cottaar 和 Rietema 系统研究了气相对磨矿过程的影响，得出的结论是：磨机中充入的气体黏性越高，磨矿速度越高，在高气压下的磨矿效率高于常压磨矿。

他们认为粉体物料是一种固-气混合体，具有一定的流动性，固-气相之间存在相互作用力，如设固-气两相相对滑动速度为 U_a，则两者之间存在的相对作用力为：

$$F_1 = \frac{150 \eta}{d_\mathrm{t}^2} h(\varepsilon) U_\mathrm{t}$$

式中，d_t 为颗粒粒度，$\mu\mathrm{m}$；η 为压力黏度；$h(\varepsilon)$ 为孔隙率的函数。

气体对固体颗粒向上的牵引力不会超过颗粒重量，即：

$$(1 - \varepsilon) \rho_\mathrm{t} g \geqslant \frac{150 \eta}{d_\mathrm{t}^2} h(\varepsilon) U_\mathrm{a}$$

式中，U_a 为磨矿设备的特性速度，与 U_t 相当；ρ_t 为颗粒密度。

当 U_a 增加到一定程度时，上式两边达到平衡，这时孔隙率 ε 最低，为 ε_0。

$$(1 - \varepsilon_0) \rho_\mathrm{t} g \geqslant \frac{150 \eta}{d_\mathrm{t}^2} h(\varepsilon_0) U_\mathrm{a} \tag{5-16}$$

以 $\varepsilon_0 = 0.4$，$h(\varepsilon_0) = [(1-\varepsilon_0)/\varepsilon_0]^2$ 代入上式得：

$$\frac{\rho_t g d_t^2}{\eta U_a} = 500 \tag{5-17}$$

设

$$N_g = \frac{\rho_t g d_t^2}{\eta U_a} \tag{5-18}$$

则 N_g 是一个无因次数，称为固-气相似作用数，它的大小反映了固-气作用大小。由此可见，颗粒越细，密度越小，受气体的作用越大。高黏度气体或特征速度越大，固-气相相互作用越强。

试验在密封的球磨机中进行，磨机一端为玻璃，以便观察。采用黏度不同的三种气体，空气、氖气和氢气，气体压力为 0~1Pa。

磨机中物料层的临界倾斜角 α_c 由磨机转速、物料和气体的特性决定（图 5-17），石英（$\bar{d} \approx 50\mu m$）的 α_c 与气体特性的关系曲线如图 5-18 所示。

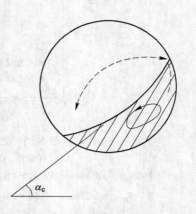

图 5-17　磨机中物料层临界倾斜角

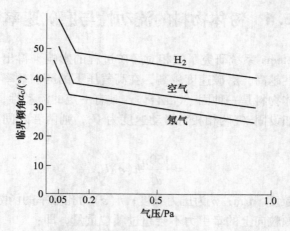

图 5-18　临界倾斜角与气体特性的关系

气体对物料临界倾斜角 α_c 的影响可以解释为，在压力小于 0.1Pa 时，气体分子的自由轨迹长度 λ 与颗粒空隙尺度相当，因而出现折点。当磨机的转速一定和气体黏性增加或压力增大时，物料的流动性得到改善。观察到的情况说明，气体黏性和压力增加，物料的体积增大，即气体吸附量增加，使物料膨胀，从而使流动性得到改善。

等粒级（68~108μm）的磨矿速率函数 S 与气体特性和压力的关系如图 5-19 所示。很显然，物料流动性的改善增大了磨矿速度。

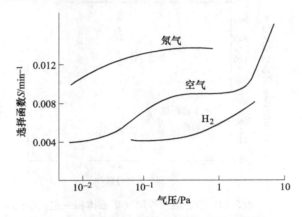

图 5-19 气体特性和压力对磨矿速率的影响

5.5 助磨剂流变学效应

对助磨剂作用机理的研究已形成了多种观点。Rehbinder、Somasundaran 和 Westbrook 等人认为助磨剂在固体表面的吸附降低了固体的内聚力，特别是在裂缝表面的吸附将影响固体破裂初始的表面能；Westwood 等人则提出"化学动力学效应"的观点，认为吸附分子能够牵制表面晶格错位，从而在压力作用下防止了晶格的活动。由于矿物塑性正是晶格位移造成的，因而在该表面区域内塑性减小，脆性增大；Locher 和 VonSeebach 对熟料水泥增加助磨剂进行了干磨试验，他们以强有力的试验现象反对以上的观点，认为助磨剂主要起分散作用，以防止颗粒的团聚，从而改善物料的流动性。可见，助磨剂的作用机理是十分复杂的，这里我们只讨论其流变学效应。

实际上我们从图 5-12~图 5-16 可以看出，加药剂后，即使在矿浆浓度很高的情况下也能保证较高的磨矿速度。同样以新生成 0.045mm 筛下细粒级量随矿浆浓度的变化规律（如图 5-20~图 5-21 所示）可以看出，助磨剂只有在矿浆浓度较高时才起作用。

D. W. Fuerstenau 等从磨矿介质的动力学入手研究了助磨剂对矿浆流动性的影响，认为磨矿中存在一个临界浆体黏度，助磨剂的作用就是使浆体黏度保持在该临界黏度以下，此研究结果在一定意义上解释了助磨剂只有在浆体浓度较高时才起作用的结论。

与以前的研究相比，Fuerstenau 采用了以下的试验条件：（1）磨机的规格增大为

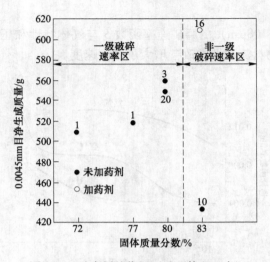

图 5-20 助磨剂的作用（矿石体积一定）

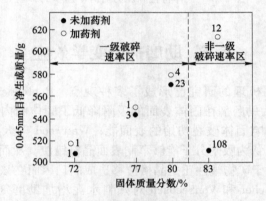

图 5-21 助磨剂的作用（矿石质量一定）

250mm（直径）×290mm（长），磨矿过程中磨机每时刻的扭矩可随时测定，而不是平均扭矩；（2）试验在较高的浆体浓度范围（76%~82%）内进行；（3）给矿为用自然粒度分布，而非单一粒度；（4）批次磨矿时间为 5~55min。

图 5-22 表明，高浓度浆体不加助磨剂时总黏度明显高于加助磨剂的黏度，但从此试验结果可以得到的关键结论是，对助磨剂浓度来说，存在一个较窄的范围，在此范围，浆体黏度下降最快。

图 5-23 表明，未加助磨剂，当磨矿时间为 30~50min 时，磨机扭矩会明显下降，而超过 50min 后，磨机扭矩再次保持不变，不加助磨剂时扭矩稳定在 0.6m/kg，加助磨剂时磨机扭矩稳定在 1.5m/kg。

图 5-24（用白云石矿）的结果与 Klimpel（1981）的试验结果相似，只是采

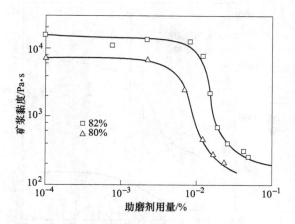

图 5-22　助磨剂用量与矿浆黏度的关系

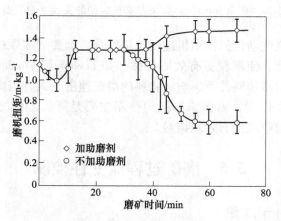

图 5-23　磨机扭矩随磨矿时间的变化
（白云石矿，82%）

用了更高的浆体浓度，即：（1）浆体黏度随着磨矿时间的增加总是增大的，不论加与不加助磨剂。而只是不加助磨剂时浆体黏度随时间变化显著。（2）不加助磨剂时浆体黏度总是高于加助磨剂时的黏度。（3）不加助磨剂时，浆体黏度和瞬时扭矩的波动都落在 25~45min 范围。（4）随着磨矿时间延长，不加助磨剂和加助磨剂时的浆体黏度的差别增大。

　　Fuerstenau 等在对 82% 和 80% 浓度的矿浆磨矿结束进行排矿时还发现不使用助磨剂时产品矿浆为黏稠糊状体，磨机的清洗很困难，球粘在磨机壁上；而使用助磨剂时，同浓度产品浆体则有良好的流动性。这一观察结果与由试验测定得出的结论相一致。

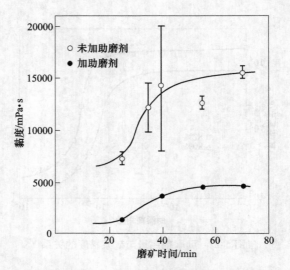

图 5-24　矿浆 Brookfield 黏度与磨矿时间的关系（白云石矿）

助磨剂对矿浆流动性的作用机理可以解释为，助磨剂在颗粒表面吸附，改变了颗粒表面作用能，使颗粒更有效地分散。如 Locher 和 VonSeebach 通过试验得出的结论是：化学添加剂并不影响粗物料的磨矿速度，只有当磨机中的物料达到一定细度时才产生作用，因而添加剂的作用主要是降低颗粒之间的范德华黏结力，使磨矿介质与颗粒更有效地接触。

5.6　磨矿过程流变性控制

5.6.1　黏度在线检测系统

尽管人们已经知道磨矿回路的效率与矿浆的流变性有关，但目前还没有将流变性检测手段直接应用于磨矿回路的控制上，Kawatra 等人认为，主要的原因是目前还没有能适应工业生产环境的黏度传感系统。

目前还认为有可能用于矿浆黏度在线检测的传感系统主要有以下几种：Hemmings 和 Boyes 系统，Reeves 系统，Opplinger、Matusik 和 Fitzgerald 系统等。下面主要介绍这几种检测系统的结构和检测原理。

Hemmings 和 Boyes 系统中使用的黏度计为 Brebender 黏度计，其结构如图 5-25 所示。其中，驱动电机通过曲杆将旋转运动传给锥形传感器，使其在柱形多孔屏蔽内进行偏心转动，从而通过保持传感器在一定转速下转动所需能量的变化来测出流体的黏度。

Hemmings 和 Boyes 系统中安装的测定磨矿矿浆流黏度的黏度在线传感系统如

图5-26所示。其缺点是料流中的粗颗粒和废渣可能在轴与屏蔽之间引起堵塞，从而造成试验测量以外的不稳定性。

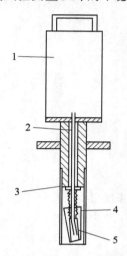

图 5-25　Brabender 黏度计
1—传动装置；2—传动轴；3—柱形多孔屏蔽；
4—锥形罩；5—传感系统

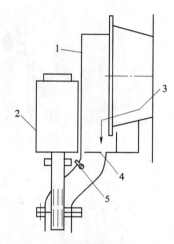

图 5-26　黏度在线传感系统
1—矿浆流槽；2—黏度计测定装置；
3—球磨矿机排矿；4—矿浆液面定位点；
5—至液面发送器的压塞

这种黏度测量系统有如下特点：磨机排出矿浆在重力作用下垂直下流通过黏度传感系统，从而使矿浆保持均匀状态，矿浆通过装在立柱底端的一流量控制阀排出，矿浆液面通过敏感静压和自动膨胀或收缩控制阀内的缩性节流元件来控制。矿浆下流速度基本保持大于固体颗粒沉降速度，从而确保与传感器接触的矿浆性质具有代表性。此系统目前仍处于试验阶段。

Reeves 黏度检测系统是连续旋转式黏度计。如图 5-27 所示，转子由扭矩传感电机带动，在一定转速下通过扭矩大小来计算黏度，由于被测浆体是循环的，从而减小了颗粒沉降的影响。

但一般认为，旋转式黏度计在测量浆体黏度时存在很多问题，如对紊流比较敏感，运动部件对环境的要求高，以及旋转运动可能引起浓度梯度等。这些影响都可能导致误测。例如，在我国至少在两家水煤浆厂使用过这种系统，用来在线测量高浓度水煤浆的黏度。由于工作不稳定，并且常发生误测等原因，都已闲置不用了。

Opplinger 系统由 Nametre 振动球黏度计安装在一个 T 型管道上组成，如图 5-28 所示。

Nametre 黏度计的测定原理是：球体在转动轴的轴线上振动，产生振动剪切

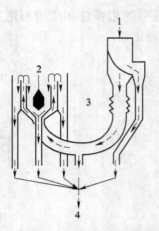

图 5-27   Reeves 浆体黏度测量系统

1—矿浆流；2—黏度计；3—可调波纹管；4—排放

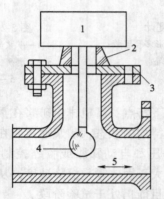

图 5-28   Nametre 振动球黏度计

1—转换系统；2—橡胶密封缓冲垫；3—垫片；4—传感探头；5—流体流动

波，并传递给流体，从而流体与探测极产生共振，其频率为 700Hz，振子的振幅为 1μm。使振动保持一定的振幅所需的能量反映了流体黏度的大小，由于探测极不是在一个固定的方向振动，剪切速率是时间的正弦函数。同时，探测极由于是球形的，其振动的振幅雨球面上的位置有关，球的赤道上振幅最大，两极振幅为零。因而，这种黏度计的剪切率不是固定的，而是一个平均值。其剪切率的最大值与剪切波在流体中的传播速度有关，传播速度与流体黏度等因素有关，但很难精确地测定。Ferry 试验表明，在黏度为 1mPa·s 的水中的最大剪切率为 6000s⁻¹，但在 100mPa·s 液体中，最大剪切率减小 10 倍。对于牛顿流体来说，不会影响读数，因而黏度与剪切率无关，而非牛顿流体则处理起来要复杂得多，一是由于黏弹性效应，另一原因是表观黏度与剪切率有关。一般认为用 Nametre

黏度计测定矿浆的流变性时，平均剪切率范围最好在 $4000 \sim 5000 \text{s}^{-1}$ 之间。

Nametre 黏度计具有以下特点：具有较高的平均剪切率，以及较高的振荡频率，因而对浆体的中等紊动不敏感；取样迅速，响应时间短和具有噪声过滤电子元件，因而粗颗粒对探测极的冲击效应是瞬时的。

5.6.2 磨矿回路黏度控制

这里介绍 Hemmings 进行的湿式磨矿回路黏度控制半工业试验结果。

为了研讨在现实的操作条件下不用矿浆黏度对磨矿性能的影响，黏度传感系统装置在一台 0.9m×0.9m 半工业用球磨机的排矿上。球磨机开始磨矿，在恒定给矿量下进行试验，黏度计输出黏度信号，通过一个简单反馈控制回路调节球磨机的补加水。球磨机排矿矿浆的黏度在给定值得范围内自动控制。这实际上是对矿浆浓度这个重要黏度因素进行调节，而这里浓度不是直接控制参数。图 5-29 是一定给矿速度情况下，矿浆黏度和产品粒度（0.074mm 筛下含量）的试验回归曲线。从而确定在此给矿速度下保持矿浆黏度为 50mPa·s。

对矿浆黏度进行控制的另一个益处是可以控制磨矿中介质与衬板的消耗量，因为介质与衬板的消耗在整个生产成本中占很大比例。钢球和衬板的磨损主要取决于矿石硬度、磨矿机转速、矿浆固体浓度或矿浆黏度，其中以矿浆黏度最易控制。一般认为在浓矿浆情况下单位处理量的钢耗较低。Voigt 等人在连续给矿实验室球磨机中研究了矿浆固体含量对磨损率影响，表明矿浆浓度达到仅 10% 固体体积的，钢球与衬板的磨损最高，随着矿浆浓度的增大，磨损下降，换言之，随着矿浆黏度的提高，磨损下降。

矿浆浓度与钢消耗量之间的关系，可以用钢球上矿浆的覆盖层来解释。当矿浆很稀时，磨矿介质上的覆盖很薄，使得介质与介质直接接触，其结果是在一定磨矿生产率情况，介质磨损严重。较浓的矿浆使介质有较厚的覆盖层，矿浆间的黏性有效减小了介质的直接接触，使衬板和介质的磨损减小了。

根据 Hemmings 的试验研究，钢球的颗粒覆盖层在约 50mPa·s 黏度时正好把钢球表面完全覆盖，而这一黏度正好是磨矿速度最佳时的值，而这时的钢消耗量也是较低的。

此控制系统采用的定量系统是矿浆黏度与固体质量与 0.074mm 筛下粒级含量的函数关系，即

$$\eta \propto W^a S^b \tag{5-19}$$

式中，η 为矿浆表观黏度；W 为固体质量；S 为物料 0.074mm 筛下含量；a 和 b 为随矿石特性而定的常数。

黏度传感系统在磨矿自动控制方面已用于半工业试验磨机上。用于简单开路作业的情况是，装了两个反馈控制回路，磨矿机补加水按照磨矿机和排矿黏度信号操

纵，而固体给矿速率通过核子密度计所得的矿浆浓度信号来操纵。控制的动作是：黏度增高就多加水给磨机，从而稀释矿浆并稳定工艺过程所要求的黏度给定值。

带黏度控制的闭路磨矿系统如图 5-29 所示。

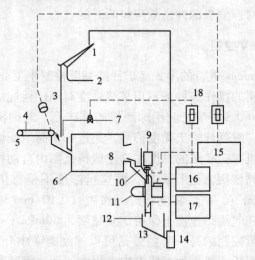

图 5-29 带黏度控制的闭路磨矿系统

1—楔形筛网细筛；2—产品；3—筛上；4—新的给矿；5—皮带传送机；6—球磨机；7—水；
8—磨矿机排矿；9—黏度计；10—矿浆柱；11—核子密度计；12—稀释水；13—矿浆池；
14—砂泵；15—黏度计放大器；16—密度计放大器；17—矿浆液面控制器；18—过程控制器

另外 Moys 和 Montini 也介绍了小型闭路磨矿控制系统中磨机排矿的黏度检测和调节方法，这些方法与 Hemmings 提出的方法相类似。

思考与练习题

5-1 磨矿环境下，矿浆的黏性效应主要有哪些？

5-2 一般而言，矿浆表观黏度、屈服应力与磨矿速率有何关联？

5-3 助磨剂的工作原理是什么？

5-4 助磨剂的流变学效应与磨矿速率的关系？

5-5 矿石细磨过程中，如何实现磨矿回路的黏度控制？

参 考 文 献

[1] HOCKINGS W A，VOLIN M E，MULAR A L. Effect of suspend fluid viscosity on batch mill grinding [J]. Society of Mining Engineers，1965：59.

[2] EL-SHALL H，SOMASUNDARAN P . Physico-chemical aspects of grinding：A review of use of additives [J]. Powder Technology，1984，38（3）：275~293.

[3] FUERSTENAU D W，VENKATARAMAN K S，VELAMAKANNI B V. Effect of chemical

additives on the dynamics of grinding media in wet ball mill grindong [J]. International Journal of Mineral Processing, 1982: 251.

[4] KLIMPEL R R, AUSTIN L G. Chemical additives for wet grinding of minerals [J]. Powder Technology, 1982, 31 (2): 239~253.

[5] KLIMPEL R. Laboratory studies of the grinding and rheology of coal—water slurries [J]. Powder Technology, 1982, 32 (2): 267~277.

[6] RIETEMA K. Powders, what are they? [J]. Powder Technology, 1984, 37 (1): 5~23.

[7] COTTAAR W, et al. The effect of interstitial gas on milling [J]. Powder Technology, 1984, 38 (2): 183~194.

[8] COTTAAR W, RIETEMA K. The effect of interstitial gas on milling. Part 3: Correlation Between Ball and Powder Behavior and The Milling Characteristics [J]. Powder Technology, 1986, 46 (1): 89~98.

[9] RIETEMA K. The Effect intersititial and circumembient gas in fine powders on the scaling up of powder-handling apparatus as illustrated by ball mill operation [J]. Powder Technology, 1987, 50 (2): 147~154.

[10] LOCHER F W, V. SEEBACH H M. Influence of adsorption on industrial grinding [J]. Industrial & Engineering Chemistry Process Design and Development, 1972, 11 (2): 190~197.

[11] HEMMINGS C E, BOYES J M. Plant trial evalution of on-stream measurement system for wet grinding mills [J]. Int. Chem. Eng. Symposium Seties, 1981.

[12] KAWATRA S K, EISELE T C. Rheological effects in grinding circuits [J]. International Journal of Mineral Processing, 1988, 22 (1~4): 251~259.

[13] OPPLIGER H R, et al. New technique accurately measures low viscosity on-line [J]. Control Engineering, 1975: 39.

[14] CLARKE B. Rheology of coarse settling suspensions [J]. Trans. Instn Chem. Engrs, 1967.

[15] KATZER M, R. KLIMPEL, SEWELL J. Example of the laboratory Characterization of Grinding of Ores [J]. Mining Engineering, 1981: 1471.

[16] KLIMPEL R R, MANFROY W. Chemical grinding aids for increasing throughput in the wet grinding of ores [J]. Industrial & Engineering Chemistry Process Design and Development, 1978, 17 (4): 518~523.

[17] MOYS M H, FINCH J A. The use of condutivity measurements in the control of grinding mills [J]. CIM bulletin, 1987: 52~56.

[18] FISHER D T, CLAYTON S A, BOGER D V. The bucket rheometer for shear stress-shear rate measurement of industrial suspensions [J]. Journal of rheology, 2007, 51 (5): 821~831.

[19] 张枫林. 自动化智能化流变仪的试制与应用 [J]. 塑料制造, 2008 (5): 88~89.

[20] 杨小生, 陈荩. 选矿流变学及其应用 [M]. 长沙: 中南工业大学出版社, 2000.

6 重力选矿过程矿浆流变学

6.1 重 选 概 述

在古代就有百姓在河溪中重力淘洗自然金或其他金属矿物。唐代著名诗人刘禹锡所作诗中描写黄金砂矿重选的情景："日照澄洲江雾开，淘金女伴满江隈。美人首饰王侯印，尽是沙中浪底来。"明代宋应星著《天工开物》中也记载了广西南丹锡矿的重选方法。在 20 世纪初，重选工艺已经基本成熟。由于重选具有设备简单、处理物料粒级范围广、生产成本低和对环境污染少的明显优点，目前仍然是主要的分选方法之一。重选现在主要用于钨、锡、铁、锰、铬、贵金属及稀有金属（钽、铌、钍、锆、钛）矿石的选别，也是选煤的主要方法。同时，重选方法在处理二次再生资源和环境保护方面也发挥着重大作用，如废纸、废旧塑料和废旧金属的分选，烟气收尘，矿物材料提纯等。随着人类对自然资源利用研究的深入，重选过程理论和重选技术也得到了很大的发展。今后，其在处理低品位资源、二次资源和资源深加工等方面将发挥更大作用。

重力选矿是利用不同物料颗粒间的密度差异进行分离的过程。重力分选需要在介质中进行。所用的介质有水、重介质和空气，其中最常用的是水。在缺水干旱地区或处理特殊原料时可用空气，此时称为风选。在密度大于水或轻物料密度的重介质（重液、重介质悬浮液）中分选时，称为重介质分选。根据介质的运动形式和作业目的不同，重选可以分为以下几种工艺方法：分级、重介质分选、跳汰分选、摇床分选、溜槽分选、离心分选机和洗选。

重介质选矿是按照阿基米德原理进行的，因此分选过程是严格按照密度分选的，与矿粒的粒度与形状无关，重介质通常表现出较高的黏度，严重影响悬浮液中颗粒的沉降速度。若给矿粒度大，重矿物沉降快，对分层精确性的影响不显著；若给矿粒度小，则往往因有一部分粒度小的重矿物颗粒未来得及沉降到底部，便被介质带到重选机外，从而降低了分选效率。因此，重介质分选过程中的流变学性质，对重力分选尤其是细粒矿物分选过程的效率有很大的影响。

6.2 重介质表观黏度与有效黏度

重介质分选一个主要问题是确定矿石颗粒在重介质中的运动速度，通常的做法是先确定不同剪切速率时的悬浮液的表观黏度，再通过沉降末速公式计算运动速度。或者说，先通过悬浮液的流变曲线来确定表观黏度。然而对于非牛顿流体来说，表观黏度随着剪切速率而变化。而确定等效于操作条件的剪切速率十分复杂，主要原因是：（1）悬浮液在分选设备中的流动和搅拌行为十分复杂；（2）矿石颗粒在悬浮液中的运动行为（取决于给矿速率、给矿方式等）十分复杂。

有人采用以下方法计算沉降末速。

当雷诺数 $Re \leqslant 1$ 时，矿粒在悬浮液中所受的重力等于围绕它流动的悬浮液所产生的剪切应力的垂直分力与矿粒的表面积的乘积，即：

$$\frac{\pi d^3}{6}(\rho_i - \rho) = \pi d^2 \tau_z \qquad (6-1)$$

式中，d 为矿粒直径；ρ_i 和 ρ 分别为矿粒和悬浮液密度；τ_z 为剪切应力的垂直分量。

由图 6-1 可知，τ_z 与切应力 τ 的关系由下式确定：

$$\pi d \tau_x = 2 \int_0^{\frac{\pi}{2}} \tau \sin\alpha \, d\alpha$$

即

$$\tau_z = \frac{2}{\pi} \tau \qquad (6-2)$$

将式（6-2）代入式（6-3），得：

$$\tau = \frac{\pi}{2} \frac{d(\rho_i - \rho)}{6} g \qquad (6-3)$$

求出 τ 后由悬浮液流变曲线查得剪切速率 γ，再确定出悬浮液黏度，即 $\eta = \tau/\gamma$。再按 Stokes 公式计算矿粒沉降末速。

上述方法避免了确定悬浮液流动中的剪切速率，所采用黏度实际上是悬浮液的表观黏度 η_a。

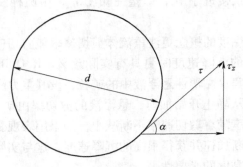

图 6-1　球体表面剪切应力

对于具有屈服应力黏塑性悬浮液，有人指出采用表观黏度计算矿粒的沉降末速将得出与实际不相符的结论，因而提出有效黏度 η_c 概念。即有效黏度等于图 6-2 流变曲线上某一点切线斜率的倒数。图 6-2 表明三种流体，即膨胀体（A）、牛顿体（B）和宾汉黏塑性体（C）的有效黏度和表观黏度。

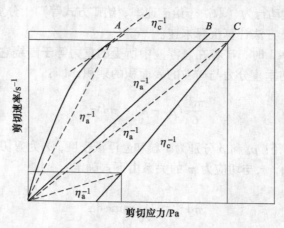

图 6-2　典型悬浮液流变曲线
A—膨胀体；B—牛顿体；C—宾汉黏塑性体

对于膨胀流体（A）：

低剪切速率时，$\eta_a = \eta_c$。

高剪切速率时，$\eta_a < \eta_c$。

这说明用黏度 η_a 计算矿粒在膨胀流体中沉降末速高于用黏度 η_c 计算的值。

对于牛顿流体（B）：

所有剪切速率，$\eta_a = \eta_c$，等效。

对于宾汉黏塑性流体（C）：

低剪切速率时，$\eta_a > \eta_c$，用 η_a 计算沉降末速低于用 η_c 计算的值。

高剪切速率时，η_a 接近于 η_c，即塑性黏度 η_c，用两种黏度计算的沉降末速基本一致。

可以看出，有效黏度的概念更注重流体剪切速率随剪切应力的变化，在计算黏塑性悬浮液中矿粒的沉降速度时更具有实际意义。R. O. Burt 提出这样一种假设，即一个在静止的宾汉黏塑性悬浮液中的矿粒，设其重力刚刚能够克服悬浮液的屈服应力，则矿粒从静止开始加速，悬浮液的剪切率由矿粒的运动速度决定，由于悬浮液的表观黏度随着剪切速率不断减小，如果用表观黏度来确定矿粒的沉降速度，则矿粒会不断加速并获得很高的沉降速度，这与实际情况相矛盾，这一例子说明了采用有效黏度的必要性。

6.3 黏塑性悬浮液屈服应力

悬浮液的屈服应力对重介质分选有显著影响，在分选过程中分选颗粒必须克服悬浮液的屈服应力才能运动，屈服应力的大小决定了分选机的操作条件。为了克服悬浮液的屈服应力，要求分选颗粒粒度必须足够大，密质必须足够高，另外如果分选机操作过程中对悬浮液的剪切速率足够高，则可以消除其屈服应力。由于设备中各部分的剪切速率不同，实际上悬浮液的屈服应力是有区别的，在悬浮液低剪切区域（无剪切作用）屈服应力较高。图 6-3 为典型的重介质圆锥选矿机回路中低剪切高屈服应力区域。在此区域悬浮液的屈服应力对矿粒的运动影响显著，而在其他区域，屈服应力较低，矿粒运动只受悬浮液黏度的支配。

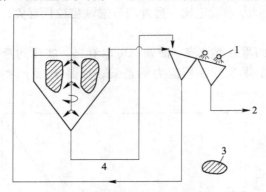

图 6-3 重介质圆锥选矿机中的低剪切区域
1—射流；2—至回收回路；3—低剪切区域；4—悬浮液回路

Whitmore 和 Valentik 采用具有黏塑性的黏土、页岩和磁铁矿悬浮液，研究了悬浮液在静止、搅拌和现场实际操作条件下屈服应力对矿粒运动行为的影响，得到了悬浮液屈服应力与能够分选的最小粒径和矿粒与悬浮液之间的最小密度差。

当悬浮液静止时，假设密度为 ρ_A、直径为 d 的球形矿粒在静止悬浮液中运动，设悬浮液的屈服应力为 τ_y，密度为 ρ，则矿粒刚开始运动须满足以下条件：

$$\frac{\pi d^3}{6}(\rho_A - \rho)g = \left(\frac{\pi d}{2}\right)^2 \tau_y \tag{6-4}$$

式中，$\left(\dfrac{\pi d}{2}\right)^2$ 为球形矿粒的应力作用面积。由式（6-4）得：

$$\tau_y = 2d/3\pi(\rho_3 - \rho) \tag{6-5}$$

由式（6-5）可以计算出矿粒运动的最小粒径为：

$$d \geqslant \frac{3}{2} \frac{\tau_y}{(\rho_i - \rho) g_{\min}} \tag{6-6}$$

即最小沉降粒径与悬浮液屈服应力 τ_y 成正比，与矿粒和悬浮液之间的密度差成反比。在密度一定的情况下，悬浮液屈服应力越大，有效分选粒度越粗；反之在分选粒度一定的情况下，屈服应力越大，要求分选密度差越大。所以，重介质分选过程要求悬浮液屈服应力尽可能低。

由于悬浮液屈服应力作用，它对沉降颗粒表现出的有效密度 ρ_3 大于悬浮液本身的密度 ρ，即：

$$\rho_3 = \rho + \frac{6}{k \chi d g} \tau_y \tag{6-7}$$

式中，k 为比例系数；χ 为颗粒形状系数；g 为重力加速度。式（6-7）表明悬浮液有效密度与屈服应力 τ_y 成正比，另外与分选颗粒粒径有关，粒径减小，有效密度增大。

图 6-4 是典型的重悬浮液流变曲线，可以看出，实际的悬浮液的流变性并非严格的黏塑性流体，其实际屈服应力不是 τ_y，而是 τ_{ye}，$\tau_{ye} < \tau_y$。令 $\tau_y = k \tau_{ye}$，有数据表明，$k = 2$。

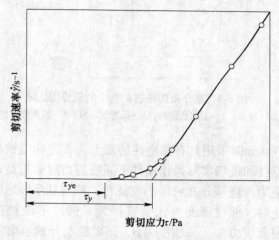

图 6-4 实际悬浮液的典型流变曲线

确定出实际屈服应力 τ_{ye} 后，可由式（6-8）求出最小可分选粒度：

$$d \geqslant \frac{3}{2} \frac{\tau_{ye}}{(\rho_i - \rho) g_{\min}} \tag{6-8}$$

可分选的最小密度差为：

$$(\rho_i - \rho) \geqslant \frac{3}{2} \frac{\tau_{ye}}{d g_{\min}} \tag{6-9}$$

由于 $\tau_{ye}<\tau_y$，所以实际最小分选粒度比式（6-6）的预测值偏低。

实际生产条件下，悬浮液处于流动和搅拌之中，Whitmore 和 Valentik 以及 A-non 对生产条件下的分选效果和悬浮液静止条件下的分选效果进行了试验对比，得出如下结论：（1）生产条件下的分选密度与悬浮液静止条件下的预测值不同，生产条件下的分选效果好于预测，这是因为生产条件下较高的剪切速率破坏了悬浮液的屈服应力，但过分的剪切作用又会引起二次流和紊流，使分选效果变坏。（2）连续给矿能改善分选效果，但给矿速度有一个界限，在适当的给矿速度条件下，由于颗粒对悬浮液的剪切作用，使屈服应力减小，有利于分选，但超过一定值以后，颗粒的浓度增大，颗粒间相互干扰使沉降末速降低，从而使分选变得更困难。另外，当分选粒度减小时，必须增大矿粒与悬浮液的密度差。

上述结论被 Krasnov 等人的研究所证实。研究还表明，重介质分选的给矿粒度和密度组成对分选效果有很大影响。如果给矿中矿粒的粒度和密度分布较广，由于屈服应力的作用，在低于某粒度和密度差范围的矿粒不能有效分选，如图 6-5 所示，所以重介质分选机给矿要避免较宽的粒度和密度分布。

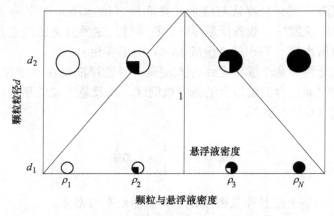

图 6-5 重介质分选与颗粒粒度和密度的关系
（1—无分选可能区）

6.4 悬浮液的稳定性

悬浮液的稳定性与流变性是两个不同的概念，但两者有十分密切的关系，与悬浮液流变性一样，其稳定性是影响重介质分选的重要因素。

悬浮液的稳定性可以定义为分散颗粒保持悬浮状态的能力或分散体系中分散程度（分散率）不随时间而降低的能力。

根据悬浮液所处的状态，可以分成静态稳定和动态稳定。就是说悬浮液的稳定并不是绝对的，应根据悬浮液在分选机中的状态来确定。由于悬浮液在分选机中一般处于流动或搅动状态，所以对分选来说动态稳定性是影响分选的主要指标，但静态稳定性是重要的参考因素，因为它决定了分选过程的机械搅拌强度。稳定性好的悬浮液机械搅拌强度低，减小了由于二次流和紊流作用使细颗粒损失的可能性，从而提高了分选精度。

测量悬浮液稳定性的方法很多，概括起来可分为直接测量法和间接测量法两大类。直接测量法包括测定在重力或离心力作用下，悬浮液沉降速度或密度随时间的变化，以及测定某物体（玻璃棒）在悬浮液中的沉降速度，从而预测稳定性。间接测量法是根据悬浮液稳定性与流变性的关系判断其稳定性，例如屈服应力越大，悬浮液稳定性越好，但悬浮液稳定性与流变性之间没有定量的关系，所以通常采用第一类方法来测定悬浮液的稳定性。

在重介质分选中测量悬浮液稳定性的方法主要有测量沉降速度法和密度变化法两种。另外有人又提出不同分选机中悬浮液的稳定性测定方法。

按沉降速度测量稳定性的方法为：将待测悬浮液搅拌均匀后，静置，让其在重力作用下沉降，观察悬浮液与清水的界面层（清水层）的下降速度，则采用该界面层的沉降速度的倒数表征悬浮液的稳定性。这种方法的缺点是：当悬浮液没有明显的澄清水层（当矿泥含量较多时）时不实用。

按密度变化测量悬浮液稳定性的方法是：将悬浮液装在一定尺寸的量筒中，测定静止一定时间后界面层以上的悬浮液密度，以及悬浮液的平均密度，则悬浮液稳定性用式（6-10）计算：

$$S_0 = \frac{\rho_u' - 1}{\rho_u - 1} \times 100\% \tag{6-10}$$

式中，ρ_u' 为静止后上层悬浮液密度；ρ_u 为悬浮液平均密度。

悬浮液的稳定性主要取决于以下因素：（1）悬浮液固体体积浓度（或悬浮液密度）。体积浓度愈高，稳定性愈好。（2）悬浮液的类型。膨胀性悬浮液通常不稳定，当加入细颗粒使其变为黏塑性体时，稳定性会提高，这是由于悬浮液有了屈服应力。（3）分散颗粒的粒度和形状。减小粒度和减少非球形颗粒将增加悬浮液的稳定性。（4）杂质。添加杂质，如矿泥、黏土等会提高稳定性。（5）化学药剂。添加不同的化学药剂可以提高悬浮液的稳定性，也可以降低悬浮液的稳定性。

重介质分选中悬浮液的黏度、屈服应力和稳定性应同时考虑，例如采用以上某种方法来提高悬浮液的稳定性时，黏度和屈服应力也会提高，这样可能会恶化分选效果。悬浮液黏度、屈服应力和稳定的关系如图 6-6 所示。该图表明，悬浮液表观黏度和屈服应力随着表面活性剂添加量的增加而降低，但同时悬浮液的沉降速度提高，即稳定性降低。

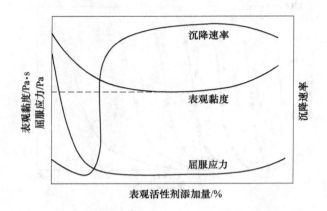

图 6-6 悬浮液表观黏度、屈服应力与稳定性的关系

在生产中，为了不使悬浮液的流变性变差，采用某些方法来提高悬浮液的动态稳定性。采用的方法有两种：机械搅拌和悬浮液流动。机械搅拌有一定的局限性，因为过强的搅拌会引入强涡流，对分选不利。采用悬浮液流动的方法有水平流、上冲流和水平-垂直复合流等多种方式。

6.5 重介质流变性因素与控制

影响重介质悬浮液流变性的因素主要有分散相性质（密度、表面性质等），悬浮液密度（或体积浓度），分散相颗粒的粒度和形状等。在选用重介质悬浮液时，首先根据分选物料的密度来确定悬浮液的密度范围，同时还要考虑它的流变性。图 6-7 是典型的黏塑性悬浮液的流变曲线，可以看出，随着悬浮液密度（或体积浓度）的提高，它的屈服应力和塑性黏度均增大。

生产中常用的重介质悬浮液的密度范围有以下三种：（1）介于 $1.3 \sim 1.8 \mathrm{g/cm^3}$ 的悬浮液，一般用于煤的精选；（2）介于 $2.7 \sim 2.9 \mathrm{g/cm^3}$ 的悬浮液，通常用于金属矿的预选；（3）介于 $2.9 \sim 3.6 \mathrm{g/cm^3}$ 的悬浮液，通常用于回收金刚石等特殊矿石。密度大于 $3.6 \mathrm{g/cm^3}$ 的悬浮液很少使用。

图 6-8 为不同种类的悬浮液的表观黏度与密度（体积浓度）的关系曲线（剪切速率一定）。可以看出，对所有悬浮液来说，均存在一个临界密度（临界浓度），大于此密度，悬浮液的表观黏度会急剧增大。所以该关系曲线提供了一个选择悬浮液密度范围的依据，高于临界密度的悬浮液，由于过高的表观黏度而限制了它的实用性。

由图 6-8 还可以看出，不同类型的悬浮液其临界密度值不同，黏土悬浮液的临界密度最低，低于 $1.0 \mathrm{g/cm^3}$，而铅悬浮液的临界密度最高达到 $6.0 \mathrm{g/cm^3}$ 以上。

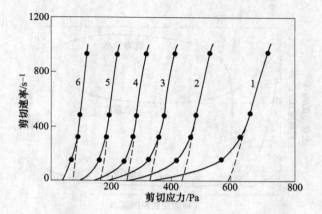

悬浮液	密度/g·cm⁻³	屈服应力/Pa	塑性黏度/Pa·s
1	1.280	590	131
2	1.254	435	95
3	1.226	330	81
4	1.207	250	67
5	1.187	166	54
6	1.149	78	40

图 6-7　瓷土悬浮液流变曲线

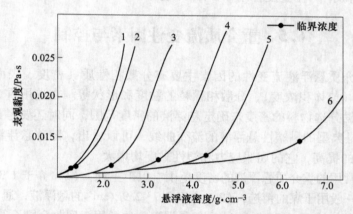

图 6-8　各种重介质悬浮液表观黏度—密度（浓度）曲线

1—黏土；2—石英砂；3—磁铁矿；4—硅铁；5—方铅矿；6—铅

选择悬浮液类型时，除了表观黏度外，还有成本、是否易于回收以及稳定性等因素。例如，对于煤的粗选，可采用具有膨胀性的石英砂和黏塑性的黏土悬浮液，它们的密度可达到 1.5~1.6g/cm³，尽管此值已超过临界密度值，但这两种悬浮液比较便宜，通常加入化学药剂来调整它们的流变性。对于煤粗选来说，因粒度较粗，悬浮液机械搅拌、屈服应力对分选颗粒的运动无太大影响。但对于煤的精选作业来说，不适宜用石英砂和黏土悬浮液，一个原因是精选的粒度较细，另一个原因是需要较高的分选密度。

当要求密度超过 $1.5g/cm^3$ 时，常用的悬浮液是磁铁悬浮液，这类悬浮液的分散颗粒由天然磁铁矿经磨矿粉碎而制成。由于含有 $-10\mu m$ 的细颗粒，常出现黏塑性流变特性，有时也具有膨胀性。当悬浮液具有膨胀性时，其稳定性降低，这时需要通过添加杂质来改善其稳定性。在通过添加化学药剂调节和控制悬浮液的屈服应力和稳定性时，应考虑分选颗粒的粒度范围及粒级分布。

在分选矿物的密度为 $2.7\sim2.9g/cm^3$ 时，硅铁或硅铁-磁铁矿悬浮液是常用的重介质。由于硅铁的价格较贵，所以硅铁-磁铁矿悬浮液更为实用。由于磨矿磁铁矿颗粒分布比磨矿硅铁分布要细，所以磁铁矿悬浮液一般为黏塑性体，而硅铁悬浮液一般为膨胀性体，除非硅铁磨矿特别细的时候，其悬浮液才具有塑性。当硅铁中混入磁铁矿，制成硅铁-磁铁矿悬浮液时，磁铁矿中的细颗粒使其具有塑性。有时为降低悬浮液的屈服应力，需加入化学药剂。

当分选密度为 $2.9\sim3.6g/cm^3$ 时，目前只能使用球形颗粒硅铁悬浮液作为重介质，据报道，这种悬浮液只有德国和南非生产。球形颗粒硅铁悬浮液与磨矿硅铁悬浮液相比，其临界密度值更高，因而可以制得较高的重介质密度，同时表观黏度不会增大很多。但球形颗粒硅铁悬浮液的稳定性较差。

尽管球形颗粒硅铁悬浮液的成本较高（为磨矿硅铁悬浮液的两倍以上），但它在使用过程有以下优点：

（1）颗粒为规则的球形，回收容易；

（2）颗粒相互间的研磨损失较小；

（3）化学污染程度低；

（4）容易从分选产品颗粒上脱除，从而降低产品污染和重介质的损失量。

一般认为分选过程中重介质密度超过 $3.6g/cm^3$ 的矿石很少，而且能作为高密度重介质的物料成本太高，因此实际生产过程中高密度矿石很少采用重介质方法来分选。

为了调节和控制重介质悬浮液的流变性，常用的方法是：

（1）对于稳定性差的膨胀性悬浮液，常加入高岭土或膨润土等细物料来提高悬浮液稳定性。

（2）加入化学药剂来调节悬浮液的黏度和屈服应力，药剂种类主要有以下三种：1）具有亲水基团的长链表面活性剂；2）分散剂，如六偏磷酸钠、硅酸钠等；3）亲水胶体。

（3）采用机械方法（如机械搅拌，采用离心力改变给矿方式等）来控制悬浮液的屈服应力和稳定性。

化学药剂不但成本高，而且用量也要严格控制，所以在生产上很少使用。图6-9 和图 6-10 分别是硅铁悬浮液加入分散剂后屈服应力、表观黏度、稳定性的变化及对 pH 值的影响。

由图 6-9 可以看出，在某一用量范围，悬浮液的屈服应力和表观黏度降低，但超过此用量范围，屈服应力和黏度反而增大。图 6-10 则表明，加入分散剂后悬浮液 pH 值对屈服应力和黏度的影响增大，有一个临界范围，大于或小于此临界值，屈服应力和表观黏度都增大。对于硅铁悬浮液来说，适宜 pH 值范围为 7.5~9.0，即该悬浮液为弱碱性时，流变性较好。

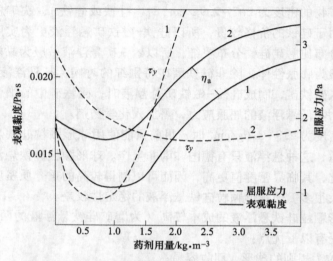

图 6-9 药剂用量对悬浮液表观黏度和屈服应力的影响

1—六偏磷酸钠；2—硅酸钠

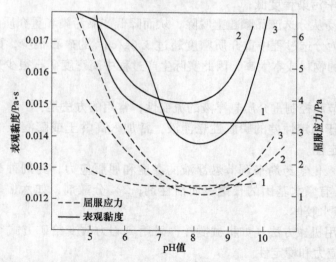

图 6-10 磨矿硅铁悬浮液的表观黏度、屈服应力与 pH 值的关系

1—六偏磷酸钠；2—硅酸钠；3—无药剂

在分选过程中，分选物料中的泥质颗粒会不断带入悬浮液中，使悬浮液流变性变坏，因而生产中悬浮液的含泥量是重要的控制因素。图 6-11～图 6-13 分别表明重介质选煤过程中悬浮液中煤泥含量与分选效率（与可能偏差 E_p 成反比）、磁铁矿回收率和损失量的关系。

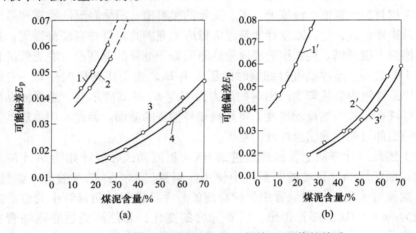

图 6-11 悬浮液的煤泥含量与可能偏差 E_f 值的关系

（a）煤炭粒度 40～160mm；（b）煤炭粒度为 10～40mm；悬浮液密度（kg/cm³）曲线
1—2000；2—1800；3—1470；4—1370；1′—2000；2′—1470；3′—1370

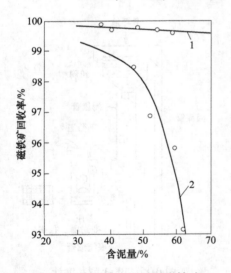

图 6-12 悬浮液含泥量对磁铁矿
回收率的影响

1—磁选机负荷为 80m³/h；
2—磁选机负荷为 130m³/h

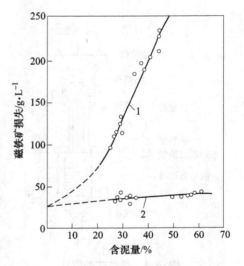

图 6-13 悬浮液含泥量与磁铁矿
损失的关系

1—10～40mm 级煤；2—＞40mm 级煤

在用磁铁矿悬浮液为重介质的选煤生产中，悬浮液含泥量是根据测量密度和磁性物含量的变化来间接测量的。

悬浮液黏度变化直接影响分选效果，生产中悬浮液黏度受各种因素的影响不断在变化，因而需要自动进行测量。苏联的流动式黏度计如图 6-14 所示。该黏度计由带一组细管的给料槽、溢流槽、带底流管的接料槽、消除涡流的装置和带压差计的液位发送器组成，进入黏度计的悬浮液量应能充满给料槽并有部分溢流。悬浮液从给料槽流入接料槽。接料槽的底流管的断面等于细管的总断面，底流管的长度为细管的十分之一。悬浮液流过细管时的压头为 H_1。由于接料槽内存有一定的悬浮液，所以悬浮液内底流管 5 流出时的压力为 H_2。H_1 的高度不变，悬浮液黏度的变化即悬浮液在细管内的流动速度，将影响接料槽 4 的液面。因此，用差压计测出接料槽的液面即可间接测出悬浮液的黏度。

在上述黏度计基础上，经过改进的 BK-1 型流动式黏度计如图 6-15 所示。该黏度计在某选煤综合自动控制系统中使用。测量过程为：悬浮液进入给料槽中，溢流从溢流管流出，使测量管中保持稳定的悬浮液流量。测量管中的悬浮液经一组直径为 6mm 的底流细管排出。随着黏度的变化，悬浮液流过底流细管的速度也发生变化，从而使测量管中的液位变化，这样也就使锥形压槽中的压力发生变化。该压力变化经平衡室传送给差压变送器，利用二次仪表进行记录并向调节系统发出信号。

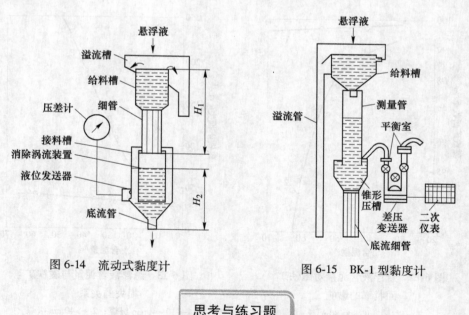

图 6-14　流动式黏度计　　　　　　图 6-15　BK-1 型黏度计

思考与练习题

6-1　影响重介质分选的影响因素主要有哪些?

6-2 重介质悬浮液表观黏度如何计算？

6-3 重介质悬浮液有效黏度如何计算？

6-4 影响重介质流变性的因素有哪些？

参 考 文 献

[1] 王祖瑞，等．重介质选煤的理论与实践［M］．北京：煤炭工业出版社，1988.

[2] 孙玉波．重力选矿［M］．北京：冶金工业出版社，1982.

[3] 姚书典．重选原理［M］．北京：冶金工业出版社，1992.

[4] BURT R O. Gravity concentration technology［M］. Netherlands：Elsevier Science Publishers B. V.，1984.

[5] NAPIER-Munn T J. Modelling and simulating dense medium separation processes——A progress report［J］. Minerals Engineering，1991，4（3~4）：329~346.

[6] 杨小生，陈荩．选矿流变学及其应用［M］．长沙：中南工业大学出版社，2000.

7 磁流体分选过程流变学

7.1 磁流体与磁流体制备

简单讲，磁流体（magnetic fluids）是磁性胶体颗粒分散在某液体中形成的有磁性的悬浮液。分散介质主要有：碳水化合物（如煤油、庚烷等），有机硅类，水及氟碳化合物等多种极性和非极性溶液。分散颗粒主要是磁铁矿颗粒，但也有钴、镍、钆和镝等铁磁性颗粒。

与重介质相比，磁流体的分散粒子要细得多，一般为 10^{-6} m 左右，为稳定的胶体悬浮液。为使粒子分散，须加入界面活性剂。因为磁流体颗粒具有磁性，颗粒间的相互作用能有磁吸引能、范德华吸引能和界面排斥能。

传统的磁流体的制备方法是将磁性物料与分散介质、分散剂一起在球磨机中长时间研磨（数周以上）。例如，Rosensweig 等人用油酸作分散剂，以此方法制得了煤油基磁铁矿磁流体。并用 300mL 正庚烷作分散介质，在 300g 油酸共存下将 200g 磁铁矿（30μm）用球磨机研磨 19 天，制得 200mL 磁流体（浓度 10%）。Kaiser 和 Rosensweig 用此法制得了氟碳化合物、水、硅酮液和酯类为分散介质的磁流体。但这种研磨法只是在 1966～1971 年间制得少量磁流体，因为费时多、成本高（\$8.5/mL），难以有效利用。后来 Reimers 和 Khalafalla 提出化学胶溶法，制得了煤油基磁铁矿磁流体，使制备时间缩短，成本大大降低，每升仅 1 美元。这一方法被认为是在磁流体制备上的突破，使磁流体能经济地应用于矿物分选工业中。另外，还有其他的制备方法。

磁流体的分散率为悬浮液中稳定分散的颗粒百分率，以式（7-1）计算：

$$分散率 = \frac{悬浮液中稳定分散的颗粒含量}{悬浮体中颗粒总量} \times 100\% \tag{7-1}$$

悬浮液中颗粒总量 $Q_0(\text{g/mL})$ 为：

$$Q_0 = \rho_3 \frac{\rho - \rho_1}{\rho_3 - \rho_1} \times 100\% \tag{7-2}$$

式中，ρ_3 为颗粒密度；ρ_1 为分散介质的密度；ρ 为悬浮液密度。

悬浮液中稳定分散的颗粒含量用式（7-3）表示：

$$Q_0 = \rho_3 \frac{\rho' - \rho_1}{\rho_3 - \rho_1} \times 100\% \tag{7-3}$$

式中，ρ' 为被放置一段时间以后的悬浮液密度。

由式（7-2）和式（7-3）得：

$$\text{分散率} = \frac{Q}{Q_0} = \frac{\rho' - \rho_1}{\rho_3 - \rho_1} \times 100\% \tag{7-4}$$

ρ' 测定方法为：制备浓度 20% 的悬浮液，装入 100mL 量筒中静置 100h，从液面大约 3cm 深处用吸液管吸出 10mL 液体，用密度计测出密度即 ρ'。

7.2 磁流体流变性

7.2.1 磁流体流变曲线

因为磁流体中固体颗粒处于高度细分散状态，没有明显的结构型悬浮液特征，即起始流动时没有明显的屈服应力，剪切变形的可恢复分量较低。

图 7-1 是采用带磁铁的平板式旋转黏度计测定的水基磁流体的流变曲线。图中实线表示未加磁场，虚线表示有外加磁场。从图中可以看出，在未加磁场条件下，当质量浓度在 0.531g/mL 以下时，为牛顿流体；当质量浓度在 0.559g/mL 以上时，为假塑性流体，并且浓度越高，非牛顿流体特性越明显。$\rho = 0.559g/mL$、$0.568g/mL$ 和 $0.599g/mL$ 时幂律方程中的幂指数分别为 0.68、0.667 和 0.5。在外加磁场条件下，磁流体流变特性发生变化，即在较低质量浓度（$\rho = 0.531g/mL$ 以下）时，也表现出非牛顿假塑性，浓度较高仍为假塑性，但假塑性体特性较未加磁场时增大。

7.2.2 流变性影响因素

McTauge 在均匀磁场中用毛细管黏度计对甲苯基钴磁流体的黏度进行了测定，结果表明当磁场平行和垂直于流动方向时，磁流体黏度都随磁场强度增大而增大，当磁场平行于流动方向时，黏度大约是垂直时的两倍。

增加磁场使磁流体流变性变化和黏度增大的原因，主要是颗粒在磁场作用下取向能增大，另外磁场增大导致了颗粒的团聚。

固体浓度对磁流体黏度的影响与第 5 章介绍的浆体类似，即浓度较低时，相对黏度符合 Einstein 公式，浓度较高时要用复杂的关系式来计算。其转变浓度大约为 10%。

由于磁流体的悬浮颗粒为微细胶体粒子，计算浓度时，其表面吸附层厚度不能忽略，即颗粒表观体积浓度 C 大于真实浓度 C'，两者的关系为：

$$C = C'\left(1 + \frac{\delta}{r}\right)^3 \tag{7-5}$$

式中，δ 为吸附层厚度；r 为颗粒半径。

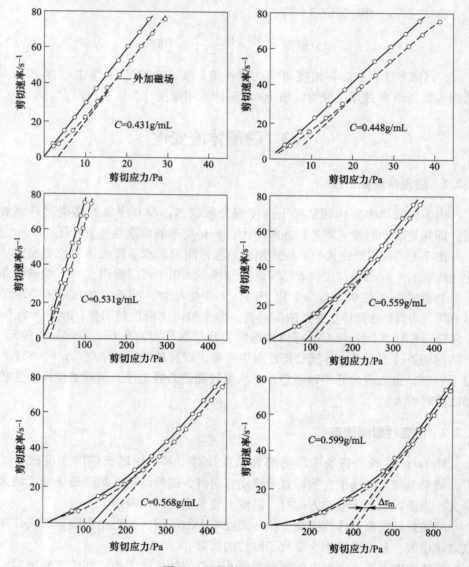

图 7-1 磁流体的流动曲线

另外，影响磁流体黏度的因素还有温度和 pH 值等。温度的影响参见第 5 章，即温度升高，有利于破坏流体结构的有序性，使颗粒作用能降低，从而降低流体黏度。除此之外，温度对某些表面活性剂的溶解有明显影响，从而造成黏度随温度变化的反常情况。如图 7-2 所示，当表面活性剂为 SDBS 和油酸钠时，磁流体黏度随着温度的升高而下降，当表面活性剂为 POENPE 时，温度在约 60℃附近磁流体黏度急剧增大，产生这种现象的原因是，温度升高导致该表面活性剂溶解度下降，从而导致磁流体分散率下降。pH 值大小对磁流体黏度的影响是由于活化剂的解离度发生变化。

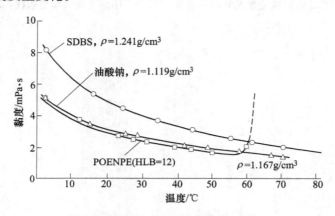

图 7-2　温度对磁流体黏度的影响

7.2.3　磁流体的奇异流特性与磁流体分选

将盛有磁流体的容器置于垂直梯度分量的磁场中，磁流体对位于其中的物体产生与重力方向相反的磁浮力，好似磁流体密度增大一样，这种现象称为磁流体的"加重"，所表现出的密度为磁流体的表观密度（或视密度），由磁场和磁场梯度确定。磁流体的这种表观密度至少为 $21.5\mathrm{g/cm}^3$。另一个奇异特征为"流体尖峰"现象。由于表面张力和磁力的相互作用而产生于磁流体表面凸起的一个个小尖峰。表面张力使流体趋向于保持最小的表面积，即收缩，而磁力的作用则是破坏流体的收缩，这两种相反的作用发生在表面上就会出现"尖峰"现象。

由于磁流体在磁场梯度作用下表观密度增大，因而磁流体被用作重悬浮液对矿物进行分选。磁流体的表观密度可以根据分选颗粒的密度进行随意调节。

思考与练习题

7-1　磁流体的分散率如何计算？

7-2　磁流体流变性受哪些因素影响？

参 考 文 献

[1]　KHALAFALLA S E. Beneficiation with magnetic fluids magnetic separation of the second kind [J].

Mineral Processing and Extractive Metallurgy Review，1985，2：21~53.

［2］郑龙熙，高福祥. 磁流体分选技术［M］. 沈阳：东北工学院出版社，1989.

［3］KHALAFALLA S E. Magnetic Fluids［J］. Chem. Tech，1975（5）：540~546.

［4］VALENTIK L，WHITMORE R L. The terminal velocity of spheres in bingham［J］. Brit. Appl. Phys，1965（16）：1197~1203.

［5］杨小生，陈荩. 选矿流变学及其应用［M］. 长沙：中南工业大学出版社，2000.

8 浮选过程流变学

8.1 浮 选 概 述

浮游选矿又叫浮选，是细粒和极细粒物料分选中应用最广、效果最好的一种选矿方法。由于物料粒度细，粒度和密度作用极小，重选方法难以分离；而对一些磁性或电性差别不大的矿物，也难以用磁选或电选分离，但根据它们在水中对水、气泡、药剂的作用不同，通过药剂和机械调节，可用浮选法高效分离出有用矿物和无用的脉石矿物。

浮选虽然是继重选之后发展起来的，但是随着矿石资源越来越贫，有用矿物在矿石中分布越来越细、越来越杂，再加之材料和化工行业对细粒、超细物料分选的要求和精度越来越高，浮选法的优越性日益凸显，成为目前应用最广且最有前途的选矿方法。浮选法不仅用于分选金属矿物和非金属矿物，还用于冶金、造纸、农业、食品、医药、微生物、环保等行业的许多原料、产品或废弃物的回收、分离、提纯等。随着浮选工艺和方法的改进，新型、高效浮选药剂和设备的出现，浮选法将会在更多的行业和领域得到更广泛的应用。

一般而言，从水的悬浮液中（称矿物和水的悬浮液为矿浆）浮出固体的过程称为浮选。浮选已有几百年的历史。工业中最早采用的全油浮选是将细粒矿石与大量的油和水一起搅拌，矿石中某些疏水亲油的矿物进入油中后浮起，其他亲水疏油的矿物则留在水中，然后从油和水中再分离出不同的矿物。随后，工业上采用的表层浮选法也有近百年的历史，它是将细矿石粉末撒到流动的水面，矿石中某些疏水亲气的矿物浮在水面，另一些亲水疏气的矿物则沉到水中，分别收集后实现分离。上述方法虽然都很简单，但效率也很低。

20 世纪初开始出现了现代浮选法的雏形——泡沫浮选法，即利用矿浆中产生的气泡增加气液界面，提高分离效率。最早是通过矿物在悬浮液中产生化学反应生成的气泡；也有的是将气体直接引入矿浆产生气泡；还有的是将空气和矿浆加压后在常压下释放产生气泡。1909 年发现了松油和醇等作为起泡剂，可形成适宜的气泡。1910 年发明浮选机，使泡沫浮选工业化。1925 年又发明了黄药作为捕收剂，浮选得到了飞速发展。基于浮选方法的高效分离，近几十年浮选又向其他领域迅速扩展。随着对浮选的逐步认识，加上新型、高效浮选药剂的出现及浮选机的大型化和多样化，浮选工艺和方法不断改进，应用范围和规模也不断扩大，仅我国目前就有浮选厂近千家。现在全世界每年用浮选处理的矿物数量已达数十亿吨。

8.2　浮选矿浆流变性

浮选矿浆是由矿物颗粒、水、浮选药剂以及气泡在一定的剪切体系中（如搅拌桶、浮选槽），形成的具有一定结构的固体悬浮液。矿物悬浮液的结构是矿浆中矿物颗粒与颗粒聚团的组成、形态、相对大小及其空间相互作用所反映的总体形态特征。从微观上讲，矿浆结构表征了矿物颗粒与颗粒聚团的矿物组成、尺寸、形态、强度；从宏观上讲，矿浆结构反映了矿浆中矿物颗粒与颗粒聚团的相互作用以及矿浆总体形态特征对应的流体类型。矿物加工过程中的矿物悬浮液，根据矿物加工过程中对矿浆处理工艺的不同，具有不同的结构。例如，在浮选作业中，矿浆在经过搅拌调浆处理之后，不同的矿物颗粒表面性质发生了较大的改变，颗粒间相互作用随之发生改变，形成特定结构的颗粒或者颗粒聚团的分散体系。

矿物加工工作者更感兴趣的是矿浆中矿物颗粒间形成的网络结构诱发了颗粒之间的吸引（凝聚-絮凝），从而促进固-液分离过程。颗粒相互碰撞形成絮团，絮团沉降并与沉淀床相互作用时就形成了颗粒网络。颗粒网络是由随机颗粒链组成的体系，附带含有液体的空腔结构。沉淀的网络结构可以模拟成凝胶或相互连结、枝状排列的颗粒链和束。絮凝网络体系的一个有用形象是通过排列空腔结构而不是颗粒获得的。当我们考察这些浆体的屈服值时，发现析点处的体积分数增大。这种变化促使我们将焦点集中到微粒流体的黏度上来。当固体的体积分数增加时，这一体系在高剪切速度下会表现出剪切稀化，还会显现出抗剪屈服强度。顺粒排列成网络状，颗粒之间相互作用导致局部的颗粒压上升。不管颗粒之间是吸引力还是短程排斥力，这种压力都会产生。假设这种局部的颗粒-颗粒作用力是通过充填于颗粒网络中的液体而传递的。

矿物悬浮液的流变性是指矿物悬浮液在剪切力场作用下流动与变形的性质。在浮选领域内，矿物悬浮液的流变性一般通过浆体的流体类型指数、表观黏度、屈服应力、稠度系数等流变学参数进行量化。通过测定矿物悬浮液在剪切力场作用下结构被破坏进而发生变形、流动过程中的流变性变化，可以了解到矿物悬浮液的结构特征。这些结构特征同样可以通过矿物悬浮液的流变性参数进行表征。由此，矿物颗粒悬浮液的结构可以通过悬浮液的流变参数实现表征与量化。在研究具有多种矿物颗粒组成的悬浮液的浮选微观过程中，矿浆流变性实时地反映了矿物悬浮液的结构。

矿浆流变性对矿物浮选过程的影响已经引起了国内外一些学者的关注，浮选

矿浆流体流变特性随粒度、体积浓度的变化规律如图 8-1 所示。对于矿浆流变性
在矿物加工过程的作用，相对来说，国内的学者研究较少，研究成果大多为国外
学者发表。研究工作集中在磨矿、重选、脱水过程矿浆流变性的作用。但近些年
来，越来越多的人开始开展浮选分离体系矿浆流变性的影响机制研究。

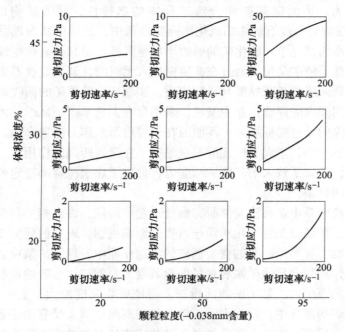

图 8-1　浮选矿浆流体流变曲线随粒度、体积浓度的变化规律

对于浮选过程，经调浆处理后矿浆的流变性性质表征了矿浆中相同或者不同矿
物颗粒之间的分散或者聚集的程度，因而可以作为浮选各作业中包含各项浮选操作
因素的控制变量，进而为矿物的浮选分离提供指导。目前矿浆流变学的研究已经涉
及典型硫化矿、典型氧化矿、黏土矿物、煤泥等矿浆中不同矿物颗粒之间相互作用
的研究。通过矿浆流变性的测量，研究矿浆流变性对矿浆中水动力学、气泡分散、
颗粒悬浮、气泡-颗粒碰撞、黏附和解体等浮选过程的影响。例如一些研究表明矿
浆的流变性受矿浆中主要脉石矿物的流变性的影响。Cruz 等人发现，在含金铜矿的
浮选作业中，含钙盐类矿物与黏土矿物在浮选药剂的作用下，显著恶化了铜、金的
浮选，其原因在于某些含钙盐矿物溶解产生的钙离子与黏土矿物作用改变了黏土矿
物的界面性质，进而增大了矿浆的表观黏度与屈服应力，导致矿浆中形成了稳定的
三维结构，阻碍了气泡的有效分散和浮选药剂与目的矿物的选择性作用，导致铜矿
浮选恶化。而进一步的研究表明，黏土矿物种类对硫化矿的浮选的影响机制也不
同，膨润土在浮选药剂作用下，矿浆的表观黏度增大并阻碍了矿浆中气泡的分散，

而高岭石在对应浮选药剂作用下对矿浆表观黏度没有较大影响，但是显著增大了泡沫层的屈服应力，表明高岭石以夹杂方式进入精矿而恶化浮选。

调节矿浆流变性可以改善矿物浮选分离过程。已有研究表明，通过调节矿浆流变性，可以从深层次调节矿浆中各种矿物之间的相互作用，改变矿浆中矿物的聚集分散行为，从而提高矿物分选过程中的选择性，增强矿物的浮选回收。Partha 等人在含有蛇纹石矿物的硫化铜镍矿浮选中，发现矿浆表观黏度与矿浆屈服应力均较高的情况下，硫化矿的回收率显著降低，而脉石矿物蛇纹石极易进入泡沫层，降低了精矿品位。通过在矿浆中加入无机酸，调节蛇纹石表面性质，则可以大幅降低矿浆的表观黏度与屈服应力，实现硫化铜镍矿的回收率的提升。Bo 等人在处理细泥煤的浮选作业中发现，采用含有大量 Ca^{2+}、Mg^{2+} 的海水作为浮选介质，细泥煤的浮选指标更好。其原因在于使用海水作为浮选介质，其中的离子与煤颗粒相互作用，增大了矿浆的表观黏度，在浮选药剂的作用下，促进了煤颗粒形成聚团，导致了较大的矿浆屈服应力，促进了煤泡沫层的稳定性，最终提升了细泥煤的回收率。

浮选分离体系中矿浆流变性研究尚处于起步阶段，许多相关科学问题尚待深入认识。关于矿浆流变性变化对浮选过程的影响机制，现有的研究工作尚未形成统一认识。在含有黏土矿物的含金铜矿的浮选作业中发现，矿浆中含钙盐类矿物与黏土矿物作用后会导致矿浆表观黏度显著增大，铜矿、金矿的回收率降低，然而，在适宜的范围内，黏土矿物的增加，会使矿浆黏度增大、金矿回收率提升；同样在细泥煤的浮选中，研究表明，矿浆的表观黏度增大是有助于目的矿物的浮选回收的。上述两种表面上相反的关于矿浆流变性对浮选行为影响的认识，表明矿浆流变性对浮选体系的影响不是一成不变的，而是随着浮选体系变化而变化。但是，浮选体系中，矿浆流变性反应了矿浆中矿石矿物、脉石矿物之间以及各自内部颗粒间之间的相互作用，并且对浮选作业中气泡与颗粒碰撞、脉石矿物与矿物颗粒相互作用、药剂与矿物作用等浮选微观过程具有直接的影响，这一点已经得到了广泛的证实，并开始逐渐形成通过研究矿浆流变性认识矿浆的流体性质与微观结构，进而对浮选进行优化的研究思路。

目前，国内对浮选过程中矿浆流变性的研究尚处于起步阶段，研究报道较少。在处理某高泥高铁的氧化锌矿时，针对由矿石中大量微细粒矿泥以及黏土矿物造成矿浆黏度高的问题，发现矿浆流变性显著影响氧化锌矿物分选效率，通过引入矿浆黏度作为浮选作业浓度选择的参考依据，结合常规分散剂六偏磷酸钠与腐殖酸钠并通过调整矿浆黏度，实现了浮选指标的优化。这些针对浮选作业中的流变性研究仅仅停留在表面层次，并未深入到矿浆流变性与矿浆中颗粒聚集、分散之间的联系。

8.3 颗粒间相互作用与浮选矿浆流变学

浮选矿浆流体在发生流动与变形的过程中表现出的表观黏度、屈服应力等流变学性质是矿浆中颗粒之间、颗粒与气泡之间、气泡与气泡之间相互作用的综合反映。液体中的矿粒经受一系列的相互作用力，两球形矿物颗粒间的静电相互作用能与距离的关系如图 8-2 所示。在颗粒-颗粒接近过程中，我们把这些作用力分为两类：排斥力和吸引力，并且假定，两个半径为 a 的相同颗粒，中心之间的距离为 $2a+H_0$，此处 H_0 是两颗粒表面与表面之间的距离。

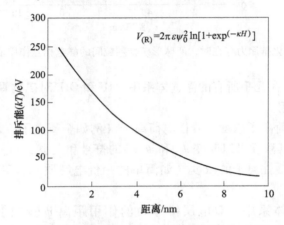

图 8-2　两球形矿物颗粒间的静电相互作用能与距离的关系

8.3.1 排斥力

8.3.1.1 颗粒之间的"排斥作用"

这与悬浮液中硬质颗粒之间的"硬"作用相似。即对于表面惰性（或者说"中性"稳定）的悬浮液固体颗粒，可以认为这些分散相都是以固定半径的坚硬球体存在。有结构化排斥力存在时，两球形矿物颗粒间的静电相互作用能与距离的关系如图 8-3 所示。当两个颗粒表面相遇，即 $H_0=0$ 时排斥力为无穷大。这是因为悬浮液中颗粒由于长时间沉积达到一种堆积密实的状态。这种"硬"作用一般主导颗粒粒度较粗、颗粒形貌为球形或者多角形的颗粒悬浮液。

8.3.1.2 长程静电斥力

矿物颗粒在水中带有表面电荷，并有一表面电位 ψ_0。这一电位在浮选体系的溶液体相衰减为零。由于异性电荷离子在颗粒表面的聚集，颗粒表面被所谓的双电层所包围。ψ_0 和 $\psi(x)$（x 为颗粒表面至溶液的距离）的符号和大小受如下因素控制：

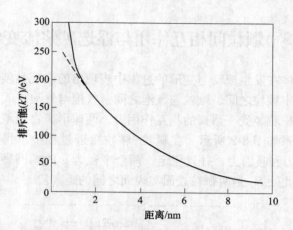

图 8-3 有结构化排斥力存在时，两球形矿物颗粒间的静电相互作用能与距离的关系

（1）pH 值。在几乎所有的浮选体系中，H^+ 和 OH^- 对矿物颗粒的表面电位都有重要的控制作用。

（2）异性电荷离子浓度。异性电荷离子（例如金属离子、表面活性剂离子）吸附在表面上，其浓度可以改变 ψ_0 和 $\psi(x)$ 的符号和大小。

（3）非表面活性离子的浓度（如简单的一价电解质）。可以改变 $\psi(x)$ 的衰减长度。

在矿物浮选体系中，双电层排斥力的作用距离 $\psi(x)$ 的函数——衰变长度（K^{-1}）来度量，其典型值从微溶盐的 50nm 到高溶盐的 5nm 或更低。

静电斥力的近似形状如图 8-3 所示。排斥力作用势能用 $V_{(R)}$ 来表示，单位是 kT（k 为玻耳兹曼常数，T 为温度。$T=300K$ 时，$kT=0.025852eV$）。这一形状代表了一般静电斥力的本质特征。正是静电斥力使矿物颗粒体系保持分散或稳定状态。

8.3.1.3 短程排斥力

当颗粒接近至相间距离小于 2nm 时，就需要考虑水和吸附离子的尺寸，即颗粒间分子的空间粒度。相距 2.76nm 时两表面间有 10 层水分子。在这一体积内还含有保持电中性的配衡离子（如 Na^+ 离子）和表面特性吸附离子（如 HPO_4^{2-} 离子）。后一种离子或许会提高分散性，而捕收剂的加入和吸附则会增加浮选回路中的疏水性。Na^+ 离子是水化的，颗粒间互相靠近时可能要水化的钠离子脱水。使钠离子脱水所需的巨大的力将表现为一种排斥力。这种水化排斥力由式（8-1）计算得到：

$$F_{hyd} = W_0 \exp(-D/\lambda_0) \tag{8-1}$$

式中，W_0 通常在 $3\sim30mJ/m^2$ 之间；D 为介电常数；$\lambda_0 = 0.6\sim1.1nm$。

例如，强烈吸附 HPO_4^{2-} 的颗粒相距为 2δ 时，其颗粒间相互作用表现出结构化排斥力的例子，δ 是吸附离子的直径，结构化排斥力相当于中心距为 $(2a+2\delta)$ 的球体间的排斥力，如图 8-4 所示。

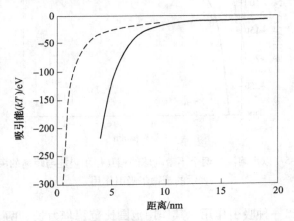

图 8-4 水溶液中两个不带电疏水性球间的相互作用势能
（虚线所示为范德华力能）

8.3.2 吸引力

8.3.2.1 范德华引力

大块物体间基本的范德华引力主要取决于颗粒的"质"和它们的形状。每种物质都有特征哈马克常数 A，A 的大小由物质的晶体结构决定。液体中相同颗粒间相互作用的哈马克常数通常为正值。作为颗粒的一个固有性质，范德华引力是一个不变的力，在大多数情况下，它是使微粒凝聚的主要作用力。范德华引力 F_{vdw} 的大小和形状如图 8-5 所示。由图可知相互作用能大小的基本差异可见，距离大时（5nm），排斥作用能占优势；距离小时（0.5nm），范德华引力能占优势。总之，是这些力以及其他力的总和决定了总的相互作用。不同物体间范德华力的一个重要特例是媒介液体的密度介于相互作用的两个颗粒的密度之间时的情况。水中矿粒与气泡之间的相互作用就属于这种情况。这时的范德华力是排斥的。

8.3.2.2 不同颗粒间的静电吸引力

这种力在原理上与前述的水中两个相同颗粒间正常的静电排斥没有差别。如果电势相反的两个不同颗粒碰撞在一起，它们将产生吸引作用。

8.3.2.3 疏水力

考查两个被吸附的表面活性剂单层覆盖的表面，烃基尾端伸向水相。这些疏

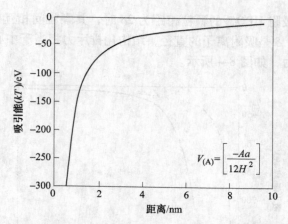

图 8-5　以水溶液中两个不带电球的相互作用势能与距离的关系
表示的范德华吸引作用

水性表面间显示出一种吸引作用，其作用范围比范德华力长。两个疏水性球间的相互作用势能如图 8-4 所示。这种力的起源尚不清楚。它出现于单分子层吸附的体系中，如吸附了十六烷基三甲基溴化铵的云母。它也出现于富尔斯特鲁所描述的带负电荷无表面活性剂的体系中，即带负电的 AgI 颗粒黏附在带负电的气泡上。此时的双电层力和范德华力两者都是斥力，已知的"疏水"特性产生了水中的 AgI 颗粒与气泡之间的疏水吸引力。

8.3.2.4　桥联力

当两个表面被吸附的高分子聚合物覆盖了一部分的矿粒互相接近时，两矿粒表面上的聚合物碳链桥联在一起，产生足够大的桥联力而产生聚合和沉淀得很快的絮团。导致高分子絮凝的最佳条件是一半的表面被聚合物所覆盖，这样便于一个矿粒上的聚合物桥联端与相邻矿粒上相应的空表面间建立平衡。

8.3.2.5　抑制絮凝

在所有的胶体力中最微弱的力也许是溶液中有过剩的聚合物时，表面覆盖有吸附聚合物的矿粒间的吸引力。在两个被聚合物覆盖的表面碰撞过程中，溶液中的自由聚合物会从颗粒间挤走，这时存在一个渗透压梯度驱使溶液中的聚合物进入颗粒间的空隙。作为一种平衡，颗粒就会处于一种松散的絮凝状态（即所谓的抑制力与范德华力之间的平衡）。严格地讲，应该认为"抑制作用"是排斥力。

8.4　浮选泡沫流变学

大量研究证实，矿浆黏度变化时，浮选泡沫性质变化显著。当矿浆黏度增大时，气泡液膜的表面强度增大，排液时间增大，会导致浮选泡沫的"二次富集作用"降低。有研究表明，泡沫溶液黏度提高时，水相中气体的扩散松弛时间和泡沫半衰期均显著增大，而这会导致浮选槽中气泡的兼并变得困难。当矿浆的黏度增大时，浮选矿浆中气泡的平均尺寸会减小，形状变得均匀，泡沫的屈服应力会增大，整体稳定性会增强，这是因为泡沫屈服变形、兼并和破灭的速度与气体在液相中的溶解度和扩散系数之乘积成正比，而气体在液相中溶解度和扩散系数随溶液黏度的提高而下降。

矿浆黏度增大、泡沫稳定性过强，会导致细粒浮选过程中机械夹带增加而降低浮选过程的选择性。当矿浆黏度增大时，Plateau 边界内液柱进入泡沫层的细粒脉石矿物会增加，依赖于泡沫破裂的二次富集作用也大幅减少，导致夹带严重。在 Plateau 边界内，夹带矿粒的运动状态是重力下沉、随液柱上升和固体扩散三种作用平衡的结果。对于特定颗粒，能否夹带上浮主要取决于几何扩散、Plateau 边界扩散两种扩散作用，而泡沫越稳定，固体颗粒这种扩散阻力越大，脉石矿物的夹带上浮概率就会越高，浮选的选择性就会降低。

矿浆流变性对实际矿石的浮选过程，特别是由于某些细粒脉石矿物引起的矿浆流变性改变对浮选泡沫的影响已经引起了一些学者的关注。在含有细粒纤蛇纹石的硫化镍矿浮选中，当矿浆中纤蛇纹石含量增大时，浮选矿浆的表观黏度与屈服应力均急剧增大，当屈服应力超过 $1.5 \sim 2.0 Pa$ 范围时，浮选泡沫层明显变薄、稀化，精矿的品位迅速下降。这可能是由于细粒纤维型脉石矿物在矿浆中形成了三维网络结构，而这种结构在浮选机中难以被剪切破坏，可以阻碍硫化镍矿物颗粒被气泡携带上浮的过程，导致浮选效率下降。在煤的浮选中，利用含有大量 Na^+、Ca^{2+}、Mg^{2+} 的海水作为浮选介质，能够增大浮选矿浆的黏度，促使细粒煤颗粒形成屈服应力较高的絮凝体结构，增大浮选泡沫层的稳定性，从而提升细粒煤的浮选回收率。在含金铜矿的浮选中，研究发现，当矿浆中微细粒的方解石、白云石等矿物含量增大时，矿浆的表观黏度与屈服应力会明显增大，同时铜矿的浮选被恶化。矿浆流变性测试与泡沫测试结果证实，方解石、白云石能够促使矿浆中大量黏土矿物颗粒形成屈服应力较大的高黏网络结构，进而影响矿浆中气泡的有效分散与运动，导致泡沫的兼并过程受到影响，浮选的"二次富集"作用被严重削弱。

在混合浮选或粗选之前，预先浓缩以提高浮选给矿的固体百分含量在实践中是很常见的。相应地，在精选和再精选作业中要经常地稀释矿浆。在粗选或混合浮选回路中，矿粒-气泡和水体系的矿浆黏度较高，有利于保持较高的矿粒-气泡碰撞速率，为疏水性矿粒和气泡的破裂、接触提供充足的时间，且可以降低或减慢矿化泡沫的除水过程。在精选过程中，要降低矿浆中的固体含量，达到选择性最高而夹杂最低。在粗选循环中，给矿浆的固体百分含量较高，捕收剂的用量也高。由于疏水力的作用，一些疏水性矿粒可能发生絮凝。在精选过程中，需要再次采取的对策是稀释矿浆或者降低药剂用量，或饥饿添加，减小疏水吸引力的作用。

　　浮选流变学的发展是随着流变学测试技术的发展而发展的。浮选矿浆是典型的微粒流体，具有粒度分布变化多、表面性质复杂、颗粒间相互作用多样化等特点，因而既准确又实时测定浮选过程中矿浆流变学参数是研究矿浆流变学对浮选影响的关键。目前比较科学的测量办法是采用类似于浮选机搅拌叶轮或者搅拌调浆作业中使用的搅拌桨式的测量夹具对矿浆的表观黏度、屈服应力等参数进行测定，这能够显著地减少因矿物颗粒发生沉降对测量结果产生的误差。然而，该方法属于相对测量，不同浮选体系下的测量结果无法直接比较。因此，设计、发展出能在浮选作业剪切流场下实时测定易沉降浆体流变学性质的测量夹具或者测量方案是未来浮选流变学测量的发展方向。

思考与练习题

8-1　浮选矿浆与工业悬浮液的异同之处是什么？

8-2　浮选矿浆一般具有哪些流变特征？

8-3　常见浮选矿浆的流变学本构方程有哪些？

8-4　表观黏度、屈服应力等流变性如何影响浮选动力学过程？

8-5　表观黏度、屈服应力等流变性如何影响浮选泡沫的二次富集作用？

参 考 文 献

[1] MUSTER T H, PRESTIDGE C A. Rheological investigations of sulphide mineral slurries [J]. Minerals Engineering, 1995, 8 (12): 1541~1555.

[2] LI C, DONG L, WANG L. Improvement of flotation recovery using oscillatory air supply [J]. Minerals Engineering, 2019, 131: 321~324.

[3] BAKKER C W, MEYER C J, DEGLON D A. Numerical modelling of non-Newtonian slurry in a mechanical flotation cell [J]. Minerals Engineering, 2009, 22 (11): 944~950.

[4] JELDRES R I, URIBE L, CISTERNAS L A. The effect of clay minerals on the process of flotation of copper ores-A critical review [J]. Applied Clay Science, 2019, 170: 57~69.

[5] CHEN W, CHEN Y, BU X. Rheological investigations on the hetero-coagulation between the fine fluorite and quartz under fluorite flotation-related conditions [J]. Powder Technology, 2019, 354: 423~431.

[6] BOGER D V. Rheology and the resource industries [J]. Chemical Engineering Science, 2009, 64 (22): 4525~4536.

[7] VIAMAJALA S, MCMILLAN J D, SCHELL D J. Rheology of corn stover slurries at high solids concentrations-Effects of saccharification and particle size [J]. Bioresource Technology, 2009, 100 (2): 925~934.

[8] BECKER M, YORATH G, NDLOVU B. A rheological investigation of the behaviour of two

Southern African platinum ores [J]. Minerals Engineering, 2013, 49: 92~97.

[9] BARNES H A, NGUYEN Q D. Rotating vane rheometry—a review [J]. Journal of Non-Newtonian Fluid Mechanics, 2001, 98 (1): 1~14.

[10] DERAKHSHANDEH B, KEREKES R J, HATZIKIRIAKOS S G. Rheology of pulp fibre suspensions: A critical review [J]. Chemical Engineering Science, 2011, 66 (15): 3460~3470.

[11] BARNES H A. The yield stress—a review or 'παντα ρει' —everything flows? [J]. Journal of Non-Newtonian Fluid Mechanics, 1999, 81 (1~2): 133~178.

[12] CHEN X, HADDE E, LIU S. The effect of amorphous silica on pulp rheology and copper flotation [J]. Minerals Engineering, 2017, 113: 41~46.

[13] 杨小生, 陈荩. 选矿流变学及其应用 [M]. 长沙: 中南工业大学出版社, 1995.

[14] BURDUKOVA E, BRADSHAW D J, LASKOWSKI J S. Effect of CMC and pH on the Rheology of Suspensions of Isotropic and Anisotropic Minerals [J]. Canadian Metallurgical Quarterly, 2007, 46 (3): 273~278.

[15] LI G, DENG L, CAO Y. Effect of sodium chloride on fine coal flotation and discussion based on froth stability and particle coagulation [J]. International Journal of Mineral Processing, 2017, 169: 47~52.

[16] 曾培, 欧乐明, 冯其明, 等. 起泡剂 MIBC 和 BK-201 的浮选泡沫特性 [J]. 中国有色金属学报, 2015, 25 (8): 2276~2283.

[17] 宋水祥, 罗溪梅, 马鸣泽, 等. 泡沫稳定性研究进展 [J]. 矿冶工程, 2019, 28 (1): 35~39.

[18] 李洪强, 郑惠方, 戈武. 浮选过程中的泡沫夹带研究进展 [J]. 金属矿山, 2018, 510 (12): 73~78.

[19] 郭贞强, 张芹, 朱应贤, 等. 油酸钠体系下浮选泡沫稳定性研究 [J]. 矿产保护与利用, 2019, 39 (4): 131~134.

[20] TURIAN R M, MA T W, HSU F L G. Characterization, settling, and rheology of concentrated fine particulate mineral slurries [J]. Powder Technology, 1997, 93 (3): 219~233.

[21] SCHUHMANN JR R. Methods for steady-state study of flotation problems [J]. The Journal of Physical Chemistry, 1942, 46 (8): 891~902.

[22] SOMASUNDARAN P, PATRA P, NAG D R. The impact of shape and morphology of gangue minerals on pulp rheology and selective value mineral separation [J]. International Mineral Processing Congress, 2012: 5130~5137.

[23] AHMED N, JAMESON G J. Mineral procesing and extractive metallurgy review [J]. Flotation kinetics, 1989, 5 (1~4): 77~99.

[24] PATRA P, BHAMBHANI T, NAGARAJ D R. Impact of pulp rheological behavior on selective separation of Ni minerals from fibrous serpentine ores [J]. Colloids and Surfaces A: Physicochemical and Engineering Aspects, 2012, 411: 24~26.

[25] NDLOVU B, BECKER M, FORBES E. The influence of phyllosilicate mineralogy on the rheology of mineral slurries [J]. Minerals Engineering, 2011, 24 (12): 1314~1322.

［26］SCHUBERT H. On the optimization of hydrodynamics in fine particle flotation ［J］. Minerals Engineering, 2008, 21 （12~14）: 930~936.

［27］FORBES E, DAVEY K J, SMITH L. Decoupling rehology and slime coatings effect on the natural flotability of chalcopyrite in a clay-rich flotation pulp ［J］. Minerals Engineering, 2014, 56: 136~144.

［28］WANG Y, PENG Y, NICHOLSON T. The different effects of bentonite and kaolin on copper flotation ［J］. Applied Clay Science, 2015, 114: 48~52.

［29］PYKE B, FORNASIERO D, RALSTON J. Bubble particle heterocoagulation under turbulent conditions ［J］. Journal of Colloid and Interface Science, 2003, 265 （1）: 141~151.

［30］LIU T Y, SCHWARZ M P. CFD-based multiscale modelling of bubble-particle collision efficiency in a turbulent flotation cell ［J］. Chemical Engineering Science, 2009, 64 （24）: 5287~5301.

［31］龙涛, 陈伟. 调浆过程能量输入对微细粒白钨浮选矿浆流变特性的影响研究 ［J］. 矿冶工程, 2019, 39 （5）: 49~52.

［32］WEI CHEN, FANFAN CHEN. A significant improvement of fine scheelite flotation through rheological control of flotation pulp by using garnet ［J］. Minerals Engineering, 2019, 138: 257~266.

［33］RALSTON J, DUKHIN S S, MISHCHUK N A. Wetting film stability and flotation kinetics ［J］. Advances in Colloid and Interface Science, 2002, 95 （2~3）: 145~236.

［34］FARROKHPAY S, ZANIN M. An investigation into the effect of water quality on froth stability ［J］. Advanced Powder Technology, 2012, 23 （4）: 493~497.

［35］KIRJAVAINEN V M. Review and analysis of factors controlling the mechanical flotation of gangue minerals ［J］. International Journal of Mineral Processing, 1996, 46 （1~2）: 21~34.

［36］CHEN S, HOU Q, ZHU Y. On the origin of foam stability: Understanding from viscoelasticity of foaming solutions and liquid films ［J］. Journal of Dispersion Science and Technology, 2014, 35 （9）: 1214~1221.

［37］SHABALALA N Z P, HARRIS M, LEAL FILHO L S. Effect of slurry rheology on gas dispersion in a pilot-scale mechanical flotation cell ［J］. Minerals Engineering, 2011, 24 （13）: 1448~1453.

［38］LI C, RUNGE K, SHI F. Effect of flotation conditions on froth rheology ［J］. Powder Technology, 2018, 340: 537~542.

［39］FARROKHPAY S, NDLOVU B, BRADSHAW D. Behavior of talc and mica in copper ore flotation ［J］. Applied Clay Science, 2018, 160: 270~275.

［40］LI C, RUNGE K, SHI F. Effect of flotation froth properties on froth rheology ［J］. Powder Technology, 2016, 294: 55~65.

［41］SUBRAHMANYAM T V, FORSSBERG E. Froth stability, particle entrainment and drainage in flotation——A review ［J］. International Journal of Mineral Processing, 1988, 23 （1~2）: 33~53.

［42］ATA S. Phenomena in the froth phase of flotation——A review ［J］. International Journal of Mineral Processing, 2012, 102: 1~12.

[43] ZHENG X, JOHNSON N W, FRANZIDIS J P. Modelling of entrainment in industrial flotation cells: Water recovery and degree of entrainment [J]. Minerals Engineering, 2006, 19 (11): 1191~1203.

[44] WANG L, PENG Y, RUNGE K. A review of entrainment: Mechanisms, contributing factors and modelling in flotation [J]. Minerals Engineering, 2015, 70: 77~91.

[45] KIRJAVAINEN V, HEISKANEN K. Some factors that affect beneficiation of sulphide nickel-copper ores [J]. Minerals Engineering, 2007, 20 (7): 629~633.

[46] MERVE GENC A, KILICKAPLAN I, LASKOWSKI J S. Effect of pulp rheology on flotation of nickel sulphide ore with fibrous gangue particles [J]. Canadian Metallurgical Quarterly, 2012, 51 (4): 368~375.

[47] PATRA P, BHAMBHANI T, VASUDEVAN M. Transport of fibrous gangue mineral networks to froth by bubbles in flotation separation [J]. International Journal of Mineral Processing, 2012, 104: 45~48.

[48] LEONG Y K, BOGER D V. Surface chemistry effects on concentrated suspension rheology [J]. Journal of Colloid and Interface Science, 1990, 136 (1): 249~258.

[49] WANG B, PENG Y. The interaction of clay minerals and saline water in coarse coal flotation [J]. Fuel, 2014, 134: 326~332.

[50] ZHANG M, PENG Y. Effect of clay minerals on pulp rheology and the flotation of copper and gold minerals [J]. Minerals Engineering, 2015, 70: 8~13.

[51] CRUZ N, PENG Y, FARROKHPAY S. Interactions of clay minerals in copper-gold flotation: Part 1-Rheological properties of clay mineral suspensions in the presence of flotation reagents [J]. Minerals Engineering, 2013, 50: 30~37.

[52] CRUZ N, PENG Y, WIGHTMAN E. Interactions of clay minerals in copper-gold flotation: Part 2—Influence of some calcium bearing gangue minerals on the rheological behaviour [J]. International Journal of Mineral Processing, 2015, 141: 51~60.

9　矿浆输送过程流变学

浆体的管道输送是以管道对固体物料（如矿石、煤炭、泥沙等）进行水力输送的一种方式，这种运输方式具有很多普遍性优点，如投资少、费用低、对环境无污染等。在我国铁路公路运输比较紧张的情况下，管道输送更具实用意义。

目前在选矿中，浆体管道输送主要用于尾矿浆的输送上，输送距离一般为数公里到数十公里。本书的讨论范围限于均质浆体的管道输送，即假设浆体在管道中呈均匀悬浮状态。当浆体中的颗粒含量较高，或输送速度较高时，就可以看成是均质浆体的输送问题。讨论均质浆体的管道输送问题可以归结于牛顿型流体或非牛顿型流体在管道中的流动问题。

9.1　矿浆流体在管内流动的基本关系

9.1.1　雷诺数与流型

雷诺（Reynolds）等在 1883 年为了判断流体在圆管中流动的流型，提出了下列无因次数 Re，Re 即称为雷诺数，如式（9-1）所示：

$$Re = \frac{\rho U D}{\eta} \tag{9-1}$$

式中，ρ 为流体密度；η 为流体动力黏度；U 为管内平均速度；D 为管内径。

雷诺发现，当增加管内流速时，雷诺数大约在 2100 处。流动由层流变为紊流。考虑到流动流体的流变特性，式（9-1）可以写成一般形式，即：

$$Re = \frac{\rho U D}{\eta_a} \tag{9-2}$$

式中，η_a 为流体的表观黏度，与流体流变参数有关。

9.1.2　管内剪切应力与压力降的关系

设流体稳定地流过长度为 L、内径为 D 的圆管，并考虑有一个半径为 r 的黑心流体，令径向距离 r 处的剪应力为 τ。根据力的平衡：

$$\Delta P \pi r^2 = 2\pi r L \tau$$

则

$$\Delta P = \frac{2\tau L}{r} \qquad (9\text{-}3)$$

或

$$\tau = \left(\frac{\Delta P}{L}\right)\frac{r}{2} \qquad (9\text{-}4)$$

式（9-3）和式（9-4）即管内剪切应力与压力降的关系。

在管壁处，$r = R = \dfrac{D}{2}$，代入式（9-4）得：

$$\tau_\omega = \left(\frac{\Delta P}{L}\right)\frac{R}{2} = \frac{D\Delta P}{4L} \qquad (9\text{-}5)$$

式中，τ_ω 为管壁处的剪切应力。

由式（9-4）和式（9-5）合并得：

$$\frac{r}{R} = \frac{\tau}{\tau_\omega} \qquad (9\text{-}6)$$

即剪切应力在管内径向的变化与径向距离成正比，管中心处为零，管壁处剪切应力最大。

9.1.3 管内摩阻系数与压力降的关系

以管壁剪切应力 τ_ω 与单位体积流体动能 $\rho U^2/2$ 之比定义为一个新的无因次数，即：

$$f = \frac{\tau_\omega}{\rho U^2/2} = \frac{D\Delta P}{4L}\bigg/\frac{\rho U^2}{2} \qquad (9\text{-}7)$$

f 称为范宁摩阻系数，是一个表示管壁剪切应力相对意义的无因次量。

式（9-5）可以改写为：

$$\Delta P = 4\left(\frac{\tau_\omega}{PU^2/2}\right)\left(\frac{L}{D}\right)\frac{\rho U^2}{2} = 4f\left(\frac{L}{D}\right)\frac{\rho U^2}{2} \qquad (9\text{-}8)$$

9.2 管内层流流速分布与摩阻计算

9.2.1 牛顿流体在管中的层流流动

对于圆管中的稳定流动，流量为：

$$Q = 2\pi\int_0^R u r \mathrm{d}r \qquad (9\text{-}9)$$

假设流体在管壁上无滑脱，即 $r = R$，$u = 0$，并注意 $\tau = \dfrac{r\Delta P}{2L}$ 和 $\tau_\omega = \dfrac{R\Delta P}{2L}$，积分

式（9-9）得：

$$Q = \frac{R^3 \pi}{\left(\frac{D\Delta P}{4L}\right)^3} \int_0^{\frac{D\Delta P}{4L}} \tau^2 f(\tau) \, \mathrm{d}\tau \tag{9-10}$$

或

$$\frac{8Q}{\pi D^3} = \frac{2U}{D} = \frac{1}{\left(\frac{D\Delta P}{4L}\right)^3} \int_0^{\frac{D\Delta P}{4L}} \tau^2 f(\tau) \, \mathrm{d}\tau \tag{9-11}$$

以不同流体的剪切速率表达式 $f(\tau)$ 代入上式即可得出各种流体稳定层流流量-压降关系。

对于牛顿流体：

$$Q = \frac{\pi R^4 \Delta P}{4\eta L} \tag{9-12}$$

或

$$\frac{D\Delta P}{4L} = \eta\left(\frac{8U}{D}\right) \tag{9-13}$$

即 $8U/D$ 表示牛顿流体在管壁处的剪切速率。

将式（9-8）和式（9-13）合并得：

$$f = \frac{16}{Re} \tag{9-14}$$

压力降为

$$\Delta P = 4f\left(\frac{L}{D}\right)\left(\frac{\rho U^2}{2}\right)$$

9.2.2 一般与时间无关的非牛顿流体在管中的层流流动

由式（9-11）看出，流体流变特性不同，所得到的流量-压降关系就不同，从应用角度出发，希望用一个普遍的方法描述这一关系。Metzner 和 Reed 从 Rabinowitsch 方法出发，提出了与时间无关的非牛顿流体在管内层流的普遍化关系：

$$\frac{D\Delta P}{4L} = K'\left(\frac{8U}{D}\right)^{n'} \tag{9-15}$$

或写成：

$$\frac{D\Delta P}{4L} = \left[K'\left(\frac{8U}{D}\right)^{n'-1}\right]\left(\frac{8U}{D}\right) \tag{9-16}$$

以 $\frac{8U}{D}$ 表示流动特性，则 $\frac{D\Delta P}{4L}$ 与 $\frac{8U}{D}$ 的关系曲线如图 9-1 所示。在层流区域内，

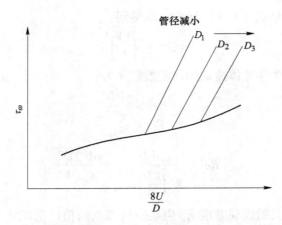

图 9-1 非牛顿流体在管中流动时，管壁剪应力与流动特性的关系

它为一条与管子大小无关的单一曲线；在紊流区域内，它为与管子大小有关的若干条分开的线段。管壁面上剪切应力急剧增加时，表示管内流动开始变为紊流。应该注意的是式（9-15）只是一种形式上的表达方法，K'、n'并不是流变特性常数，而是与流动特性 $8U/D$ 对应的局限点的值，它们分别是流变常数和剪切应力的函数。其关系分别为：

牛顿流体，

$$n' = 1, K' = \eta \tag{9-17}$$

幂律流体，

$$n' = n, K' = K\left(\frac{1+3n}{4n}\right)^n \tag{9-18}$$

宾汉流体，

$$n' = \frac{1 - \frac{4}{3}(\tau_y/\tau_\omega) + \frac{1}{3}(\tau_y/\tau_\omega)^4}{1 - (\tau_y/\tau_\omega)^4}$$

$$K' = \tau_\omega \left\{\frac{\eta_p}{\tau_\omega\left[1 - \frac{4}{3}(\tau_y/\tau_\omega) + \frac{1}{3}(\tau_y/\tau_\omega)^4\right]}\right\}^{n'} \tag{9-19}$$

类似于牛顿流体式（9-13），非牛顿流体对应的关系可以写成：

$$\frac{D\Delta P}{4L} = \eta_a'\left(\frac{8U}{D}\right)^{n'} \tag{9-20}$$

式中，η_a'为流体在管内流动时的表观黏度，其定义为：

$$表观黏度 \; \eta_a' = \frac{管壁上的剪切应力 \; \tau_\omega}{流动特性 \; 8U/D}$$

式（9-20）与式（9-16）比较可以得到：

$$\eta_a' = K' \left(\frac{8V}{D}\right)^{n'-1} \tag{9-21}$$

描述管中非牛顿流体流动的雷诺数定义为：

$$Re' = \frac{\rho UD}{\eta_a'} \tag{9-22}$$

即：

$$Re' = \frac{\rho UD}{K' \left(\frac{8U}{D}\right)^{n'-1}} = \frac{\rho U^{2n'} D^{n'}}{8^{n'-1} K'} \tag{9-23}$$

因为以上定义的表观黏度 η_a' 为某一局部点的值，所以式（9-23）中的雷诺数 Re' 也为某一点的雷诺数。

对于牛顿流体，管壁处剪切速率 γ_ω 等于流动特性 $8U/D$。一般与时间无关的非牛顿流体管壁处剪切速率由式（9-24）表示：

$$\gamma_\omega = \left(\frac{1+3n'}{4n'}\right)\left(\frac{8U}{D}\right) \tag{9-24}$$

式（9-24）为 Metzner 和 Reed 改进的 Rabinowitsch 方程，适用于任何与时间无关的非牛顿流体。

利用式（9-22）定义的雷诺数，可以由式（9-24）计算出与时间无关的一般非牛顿流体在管内层流流动的范宁摩阻系数和压力降：

$$f' = \frac{16}{Re'} \tag{9-25}$$

$$\Delta P = 4f'\left(\frac{L}{D}\right)\left(\frac{\rho U^2}{2}\right) \tag{9-26}$$

9.2.3 幂律流体在管中的层流流动

（1）速度分布。幂律流体的流变方程为：

$$\tau = K\gamma^n$$

即：

$$\gamma = -\frac{\mathrm{d}u}{\mathrm{d}r} = \left(\frac{\tau}{K}\right)^{1/n}$$

$$\frac{\mathrm{d}u}{\mathrm{d}r} = -\left(\frac{\Delta P}{2LK}\right)^{1/n} r^{1/n} \tag{9-27}$$

积分式（9-27）得：

$$u = \left(\frac{n}{n+1}\right)\left(\frac{\Delta P}{2LK}\right)^{1/n}\left(R^{\frac{n+1}{n}} - r^{\frac{n+1}{n}}\right) \tag{9-28}$$

$$u = \left(\frac{n}{n+1}\right)\left(\frac{\Delta P}{2LK}\right)^{1/n}\left(\frac{D}{2}\right)^{\frac{n+1}{n}}\left[1 - \left(\frac{2r}{D}\right)^{\frac{n+1}{n}}\right] \tag{9-29}$$

式（9-28）或式（9-29）表示幂律流体在圆管中作层流时，在任一径向 r 处的流速。

对于牛顿流体，$n=1$，$K=\eta$，则式（9-28）变为：

$$u = \frac{\Delta P}{4\eta L}(R^2 - r^2)$$

幂律流体指数 n 的变化对管中层流流速分布曲线形状的影响如图 9-2 所示。

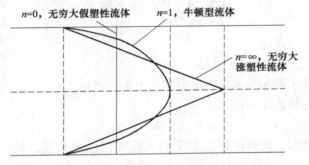

图 9-2　符合指数定律流体的速度分布

（2）流量–压降关系。将下列关系：

$$-\frac{du}{dr} = f(\tau) = \left(\frac{\tau}{K}\right)^{1/n} \tag{9-30}$$

代入式（9-10）得：

$$Q = \pi\left(\frac{\Delta P}{2KL}\right)^{1/n}\left(\frac{n}{1+3n}\right)R^{(1+3n)/n} \tag{9-31}$$

或

$$\frac{8U}{D} = \left(\frac{\Delta P}{2KL}\right)^{1/n}\left(\frac{4n}{1+3n}\right)R^{1/n} = \frac{4n}{1+3n}K^{-1/n}\left(\frac{D\Delta P}{4L}\right)^{1/n} \tag{9-32}$$

即：

$$\frac{\Delta P}{L} = \frac{4U^n K}{D^{1+n}}\left(\frac{2+6n}{n}\right)^n \tag{9-33}$$

代入式（9-8）得：

$$f = 16 \Big/ \frac{D^n U^{2-n}\rho}{K8^{n-1}\left(\frac{1+3n}{4n}\right)^n} \tag{9-34}$$

其中，

$$Re_{PL} = \frac{D^n U^{2-n} \rho}{K 8^{n-1} \left(\dfrac{1+3n}{4n}\right)^n} \tag{9-35}$$

称为幂定律雷诺数。

由式（9-32）可看出，对于幂律流体，$\dfrac{D\Delta P}{4L}$ 与 $\dfrac{8U}{D}$ 之间的关系只与流体的流体特性有关，不因管径而异，这样就可以根据小管径试验结果推算各种管径中的阻力损失。式（9-33）还可以写成：

$$\frac{\Delta P}{L} = \frac{4^{n+1} Q^n K}{\pi^n D^{3n+1}} \left(\frac{2+6n}{n}\right)^n$$

即：

$$\Delta P \sim LQ^n / D^{2n+1}$$

由此威尔森（Wilkinson）得出在实用上的三点结论：

（1）对于牛顿流体来说，

$$n = 1, \quad \Delta P \sim D^{-1}$$

说明管径略为增大，就可以使压差阻力大幅度减小。相反，对高度假塑性流体来说，

$$n \to 0, \quad \Delta P \sim D^{-1}$$

即必须选用很大的管径才能使压差阻力作同样比例的减小，亦即通过增加管径来减小功率效果不大。

（2）高度假塑性体的压差阻力几乎与流量无关，意味着只要加快泵的转速就可以有效地增加管路的输送能力。

（3）出于同样的理由，利用一定长度管路内的压差来测量流量，对于高度假塑性体来说，往往收不到好的效果。

9.2.4 宾汉流体在管中的层流流动

9.2.4.1 速度分布

宾汉流体在圆管中作稳态层流时，速度梯度 $-du/dr$ 与管中径向各点剪切应力 τ 的关系为：

$$-\frac{du}{dr} = \frac{\tau - \tau_y}{\eta_p} = \frac{1}{\eta_p}\left(\frac{r\Delta P}{2L} - \tau_Y\right) \tag{9-36}$$

当 τ 低于屈服应力 τ_y 时，不会有剪切流动发生，即对宾汉流体来说，在管中心处某一区域（$r \leqslant r_p$）剪切速率等于零，这一区域内的流动称为"塞流"。

$$r_p = 2L\tau_y / \Delta P$$

在流区 $r_p \leqslant r \leqslant R$，积分式（9-36）得：

$$u = \frac{1}{\eta_p}\left[\frac{(R^2 - r^2)\Delta P}{4L} - \tau_y(R - r)\right] \quad (r_p \leqslant r \leqslant R) \tag{9-37}$$

将 $\tau_y = r_p\Delta P/2L$ 代入上式得到"塞流"区流速为:

$$u_p = \frac{\Delta P}{4L\eta_p}(R - r_p)^2 \quad (0 \leqslant r \leqslant r_p) \tag{9-38}$$

9.2.4.2 摩阻计算

宾汉流体在圆管中流动的总流量 Q 为环状剪切流区($r_p \leqslant r \leqslant R$)和塞流区($0 \leqslant r \leqslant r_p$)流量之和,即:

$$Q = \int_{r_p}^{R} 2\pi r u \mathrm{d}u + \pi r_p^2 u_p = \pi\left[ur^2 - \int r^2\mathrm{d}u\right]_{r_p}^{R} + \pi r_p^2 u_p$$

$$= \pi\left[ur^2\right]_{r_p}^{R} - \pi\int_{r_p}^{R} r^2\mathrm{d}u + \pi r_p^2 u_p \tag{9-39}$$

令 $r = R$, $u = 0$, 则:

$$Q = -\pi\int_{r_p}^{R} r^2\mathrm{d}u \tag{9-40}$$

因

$$r = \frac{2\tau}{\Delta P/L}$$

$$-\mathrm{d}u = \frac{1}{\eta_y}(\tau - \tau_y)\mathrm{d}r$$

$$= \frac{1}{\eta_y}(\tau - \tau_y)\frac{2L}{\Delta P}\mathrm{d}\tau$$

代入式(9-40)得:

$$Q = \frac{\pi}{8}\frac{1}{\eta_p}\left(\frac{4L}{\Delta P}\right)^3\int_{\tau_y}^{\tau_\omega}\tau^2(\tau - \tau_y)\mathrm{d}\tau$$

即:

$$\frac{8Q}{\pi D^3} = \frac{1}{\eta_p}\frac{1}{\left(\frac{D\Delta P}{4L}\right)^3}\int_{\tau_y}^{\tau_\omega}\tau^2(\tau - \tau_y)\mathrm{d}\tau$$

$$= \frac{1}{4\eta_p}\left(\frac{D\Delta P}{4L}\right)\left[1 - \frac{4\tau_y}{3}\left(\frac{4L}{D\Delta P}\right) + \frac{\tau_y^4}{3}\left(\frac{4L}{D\Delta P}\right)^4\right]$$

$$= \frac{\tau_\omega}{4\eta_p}\left[1 - \frac{4}{3}\frac{\tau_y}{\tau_\omega} + \frac{1}{3}\left(\frac{\tau_y}{\tau_\omega}\right)^4\right] \tag{9-41}$$

或

$$\frac{8U}{D} = \frac{\tau_\omega}{\eta_p}\left[1 - \frac{4}{3}\frac{\tau_y}{\tau_\omega} + \frac{1}{3}\left(\frac{\tau_y}{\tau_\omega}\right)^4\right] \tag{9-42}$$

式(9-41)还可以写成:

$$\frac{8Q}{\pi D^3} = \frac{1}{4\eta_p}\left(\frac{D\Delta P}{4L}\right)\left[1 - \frac{4}{3}\frac{r_p}{R} + \frac{1}{3}\left(\frac{r_p}{R}\right)^2\right] \tag{9-43}$$

或

$$\frac{\Delta P}{L} = \frac{128\eta_p Q}{\pi D^4}\left[1 - \frac{4}{3}\frac{r_p}{R} + \frac{1}{3}\left(\frac{r_p}{R}\right)^4\right]^{-1} \tag{9-44}$$

式（9-43）和式（9-44）称为白金汉（Buckingham）方程，可以用来计算一定流量下宾汉流体层流流动的压力损失，或者一定压降下的流量。

因为塞流半径 r_p 中包含压降 $\Delta P/L$，所以由式（9-44）计算 $\Delta P/L$ 时需要试算，使用起来很不方便。

为了工程上使用的方便，Govier 和 Winning 根据因次分析将式（9-44）整理成摩阻系数的形式，即对宾汉流体：

$$f = \varphi_1\left(\frac{DU\rho}{\eta_p}, \frac{D\tau_y}{U\eta_p}\right) \tag{9-45}$$

式中，$Re_B = DU\rho/\eta_p$ 称为宾汉雷诺数，$Y = D\tau_y/U\eta_p$ 称为无因次屈服准数。

Hedstrom 也根据因次分析得出：

$$f = \varphi_2\left(\frac{DU\rho}{\eta_p}, \frac{D^2\tau_y\rho}{\eta_p^2}\right) \tag{9-46}$$

式中，$He = D^2\tau_y\rho/\eta_p^2$ 称为 Hedstrom 准数。

Govier 和 Hedstrom 分别得到式（9-45）式（9-46）的表达式为：

$$\frac{1}{Re_B} = \frac{f}{16} - \frac{Y}{6Re_B} + \frac{Y^4}{3f^3Re_B^4} \tag{9-47}$$

和

$$\frac{1}{Re_B} = \frac{f}{16} - \frac{He}{6Re_B} + \frac{16He}{3f^3Re_B^4} \tag{9-48}$$

式（9-47）还可以写成：

$$\frac{fRe_B}{16} - \frac{Y}{6} + \frac{Y^4}{3}\frac{1}{(fRe_B)^3} = 1 \tag{9-49}$$

上式表明，屈服准数 Y 与 fRe_B 是简单的函数关系。

图 9-3 和图 9-4 分别是式（9-47）和式（9-48）的图解形式，使用此图解形式可以确定出一定屈服准数 Y 条件下的 f 和 Re_B，或者一定 Hedstrom 准数条件下的 f 和 Re_B 的关系。Govier 还根据式（9-49）给出 fRe_B 对应 Y 的曲线（图 9-5），利用该曲线可以查出任一 Y 时的 fRe_B 值，从而得到摩阻系数 f 值。

确定出摩阻系数 f 后，根据式（9-8）确定出压力降，即：

$$\Delta P = 4f\left(\frac{L}{D}\right)\frac{\rho U^2}{2}$$

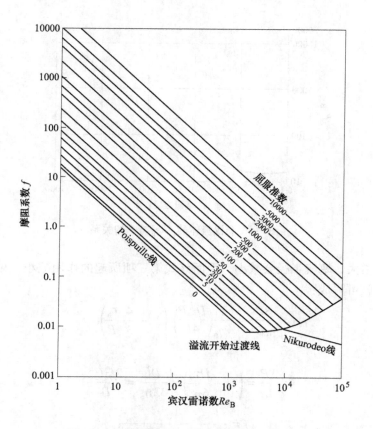

图 9-3 宾汉流体摩阻系数与 Re_B 和 Y 的关系

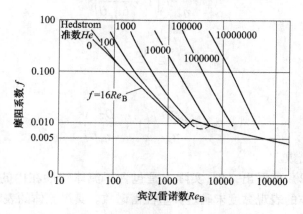

图 9-4 宾汉流体摩阻系数与 Re_B 和 He 的关系

对宾汉流体管内层流的摩阻计算，还有一些其他方法。一种方法是将摩阻系数 f 与雷诺数表示成与式（9-14）一样的简单的函数关系。由式（9-43）看出，

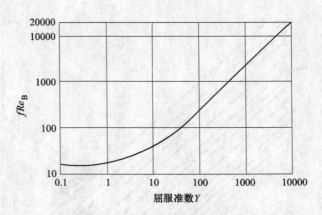

图 9-5   宾汉流体的 fRe_B 与 Y 的关系

随着流速增大，塞流半径会减小，因而该式第三项所起的作用减小，可以忽略不计，这样就可写成：

$$\frac{8Q}{\pi D^3} = \frac{1}{4\eta_p}\left(\frac{D\Delta P}{4L}\right)\left(1 - \frac{4}{3}\frac{r_p}{R}\right) \tag{9-50}$$

整理得：

$$\frac{\Delta P}{L} = \left(U + \frac{D\tau_y}{6\eta_p}\right) \Bigg/ \frac{D^2}{32\eta_p} = \frac{2f\rho U^2}{D}$$

所以，

$$f = \frac{16}{\dfrac{\rho UD}{\eta_p}\Bigg/\left(1 + \dfrac{D\tau_y}{6\eta_p U}\right)}$$

即：

$$f = \frac{16}{Re_{ct}} \tag{9-51}$$

其中，

$$Re_{ct} = \frac{\rho UD}{\eta_p}\Bigg/\left(1 + \frac{D\tau_y}{6\eta_p U}\right) \tag{9-52}$$

为宾汉结构雷诺数。

由式（9-52）可看出，Re_{ct} 实际上是包含了流体塑性在内的新的雷诺参数。希辛柯则以流体的表观黏度未确定其塑性雷诺数。宾汉流体的表观黏度为：

$$\eta_a = \eta_p + \tau_y \Bigg/ \left(-\frac{\mathrm{d}u}{\mathrm{d}r}\right) \tag{9-53}$$

当将该参数引入计算雷诺数时必须采用整个剪切流区 $r_p < r < R$ 内的平均值。宾汉塑性流的流速分布为：

$$u = \frac{\Delta P}{4L\eta_{\mathrm{p}}}(R^2 - r^2) - \frac{\tau_y}{\eta_{\mathrm{p}}}(R - r)$$

流速梯度为：

$$\frac{\mathrm{d}u}{\mathrm{d}r} = -\frac{\Delta Pr}{4L\eta_{\mathrm{p}}\dfrac{\tau_y}{\eta_{\mathrm{p}}}} \tag{9-54}$$

当 $r = R$ 时，得到的流速梯度的最大值：

$$\left.\frac{\mathrm{d}u}{\mathrm{d}r}\right|_{r=R} = -\frac{\Delta Pr}{4L\eta_{\mathrm{p}}\dfrac{\tau_y}{\eta_{\mathrm{p}}}} \tag{9-55}$$

因塞流半径为 $r_{\mathrm{p}} = \dfrac{2\tau_y L}{\Delta P}$，故：

$$\left.\frac{\mathrm{d}u}{\mathrm{d}r}\right|_{r=R} = 0 \tag{9-56}$$

在厚度为 $R - r_{\mathrm{p}}$ 的环形流区内，流速梯度的平均值为边界值之和的一半，即：

$$\left.\frac{\mathrm{d}u}{\mathrm{d}r}\right|_{r=R} = -\frac{\Delta Pr}{4L\eta_{\mathrm{p}}(R - r_{\mathrm{p}})} \tag{9-57}$$

希辛柯定义断面平均表观黏度为：

$$\eta_{\mathrm{a\alpha}} = \eta_{\mathrm{p}} + \tau_y \Big/ \left|\frac{\mathrm{d}u}{\mathrm{d}r}\right|_{\mathrm{a\alpha}} = \eta_{\mathrm{p}} + \frac{4\tau_y L\eta_{\mathrm{p}}}{\Delta P(R - r_{\mathrm{p}})} = \eta_{\mathrm{p}}\frac{R + r_{\mathrm{p}}}{R - r_{\mathrm{p}}} \tag{9-58}$$

希辛柯提出的雷诺数形式为：

$$Re_1 = \frac{\rho U(D - 2r_{\mathrm{p}})}{\eta_{\mathrm{a\alpha e}}} \tag{9-59}$$

将 $\eta_{\mathrm{a\alpha e}}$ 表达式代入后得：

$$Re_1 = Re_1 \frac{(A - 1)^2}{A(A + 1)} \tag{9-60}$$

其中，

$$Re = \frac{\rho UD}{r_{\mathrm{p}}}$$

$$A = \frac{R}{r_{\mathrm{p}}}$$

在层流范围，

$$f = 16/Re_1 \tag{9-61}$$

作为近似式（9-60）可简化为：

$$Re_2 = Re\frac{A - 1}{(A + 1)} \tag{9-62}$$

和

$$f = 16/Re_2 \qquad (9\text{-}63)$$

式中，Re_2 称为有效雷诺数。图 9-6 是泥浆流和泥煤悬浮液的阻力系数与 Re_2 的关系曲线。图中采用的达西-韦斯巴赫摩阻系数为范宁摩阻系数 f 的 4 倍。

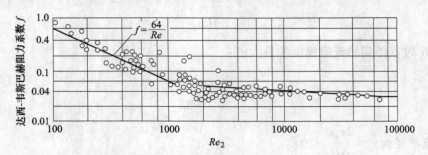

图 9-6　宾汉体阻力系数与有效雷诺数 Re_2 间的关系

9.3　不可压缩流体在管道中的紊流流动

由于紊流的情况很复杂，这里只介绍牛顿流体在管道中的紊流速度分布与摩阻计算。

9.3.1　管中紊流速度分布

9.3.1.1　1/7 流速分布公式

该公式是指数为 1/7 的流速分布，其形式为：

$$\frac{U}{u_\mathrm{m}} = 6.99 \left(\frac{u_\mathrm{m} R \rho}{\eta} \right)^{1/7} \qquad (9\text{-}64)$$

这是一个经验公式，式中 $u_\mathrm{m} = \sqrt{\tau_\omega/\rho}$，为摩阻流速。$U$ 为断面平均流速。与上式类似的另一个 1/7 流速分布式为：

$$\frac{\bar{u}}{\bar{u}_\mathrm{max} \left(1 - \dfrac{2r}{D} \right)^{1/7}} \qquad (9\text{-}65)$$

式中，$\bar{u}$ 为管中任一 r 处的时均流速；$\bar{u}_\mathrm{max}$ 为管中心处的时均流速。

式（9-65）可以得到下列近似关系：

$$\frac{U}{\bar{u}_\mathrm{max}}$$

代入式（9-64）得：

$$\frac{\bar{u}_{\max}}{\bar{u}_{\mathrm{m}}\left(\dfrac{u_{\mathrm{m}}R\rho}{\eta}\right)^{1/7}} \tag{9-66}$$

推广到管径上任一点 y，其中 y 是距管壁的距离，则得：

$$\frac{\bar{u}}{\bar{u}_{\mathrm{m}}} = 8.74\left(\frac{u_{\mathrm{m}}y\rho}{\eta}\right)^{1/7} \tag{9-67}$$

上式中指数并不是不变的，试验表明它与雷诺数范围有关，因而上式写成一般形式应为：

$$\frac{\bar{u}}{\bar{u}_{\mathrm{m}}} = m\left(\frac{u_{\mathrm{m}}y\rho}{\eta}\right)^{1/n} \tag{9-68}$$

式中，m 和 n 在不同的雷诺数范围内具有不同的数值。对时均流速分布资料分析表明，当 $Re \approx 4\times10^{3}$ 时，应取 $n=6$；当 $Re \approx 1\times10^{5}$ 时，应取 $n=7$；当 $Re \approx 5\times10^{5}$ 时，应取 $n=8$；当 $Re \approx 1.2\times10^{6}$ 时，应取 $n=9$；而当 $Re \approx 3.2\times10^{6}$ 时，应取 $n=10$。

9.3.1.2 通用速度分布

普朗特（Prandtl）根据动量传递理论导出光滑管中紊流时均流速分布公式为：

$$\frac{\bar{u}}{\bar{u}_{\mathrm{m}}} = \frac{1}{k}\ln\frac{u_{\mathrm{m}}y\rho}{\eta} + \left(\alpha - \frac{1}{k}\ln\alpha\right) \tag{9-69}$$

式中，k 为常数；$\alpha = \dfrac{\bar{u}_{\delta}}{u_{\mathrm{m}}} = \dfrac{u_{\mathrm{m}}\delta\rho}{\eta}$，其中 δ 为附面层厚度，$\bar{u}_{\mathrm{m}} = \bar{u}\big|_{y=\delta a}$。

尼库拉兹根据大量不同直径的管道流动实验得到以下流速分布公式：

$$\frac{\bar{u}}{\bar{u}_{\mathrm{m}}} = 2.5\ln\frac{u_{\mathrm{m}}y\rho}{\eta} + 5.5 \tag{9-70}$$

与普朗特公式（9-69）形式相同。比较式（9-69）和式（9-70），得：

$$\left.\begin{array}{l} k = 0.4 \\ \alpha \approx 11.6 \end{array}\right\}$$

对于粗糙管，普朗特得到的流速分布公式为：

$$\frac{\bar{u}}{u_{\mathrm{m}}} = \frac{1}{k}\ln\frac{y}{\Delta} + \frac{\bar{u}_{\Delta}}{u_{\mathrm{m}}} \tag{9-71}$$

式中，Δ 为壁面粗糙高度，$\bar{u}_{\Delta} = \bar{u}\big|_{y=\Delta}$。

尼库拉兹通过试验得到的粗糙管流速分布公式为：

$$\frac{\bar{u}}{u_{\mathrm{m}}} = 2.5\ln\frac{y}{\Delta} + 8.48 \tag{9-72}$$

比较式（9-71）与式（9-72），得：

$$k = 0.4$$
$$\bar{u}_\Delta / u_m = 8.48$$

普朗特曾指出，当壁面糙率高度较小而完全处于层流附面层之内时，壁面的糙率对紊流核心区没有影响，紊流处于光滑区；当糙率高度与层流附面层厚度具有相同数量级时，层流附面层已不能完全掩盖糙率，糙率顶部已暴露在附面层之上，从而给紊流以阻力，这时糙率和流体的黏滞性对紊流都有影响，因而紊流处于过渡区，如果壁面糙率高度远远大于层流附面层的厚度时，层流附面层对糙度的荫庇作用可忽略不计，影响紊流结构的只是壁面糙率，紊流处于粗糙区。式（9-71）和式（9-72）为粗糙区流速分布公式。

9.3.2　管中紊流摩阻计算公式

9.3.2.1　布拉休斯阻力公式

布拉休斯依据雷诺相似准则，在大量光滑圆管试验基础上，提出光滑圆管摩阻系数的经验公式为：

$$f = 0.0079 Re^{-1/4} \tag{9-73}$$

阻力与流速分布之间存在着内在联系，上式实际上可以从 1/7 指数流速分布公式得出。试验表明式（9-73）的适用范围为 $Re \leqslant 2 \times 10^5$。

尼库拉兹得到的适用范围更广的经验公式为：

$$f = 0.008 + \frac{0.0552}{Re^{0.237}} \tag{9-74}$$

此式适用范围为 $10^5 < Re < 10^8$。

9.3.2.2　普朗特-尼库拉兹公式

由于时均流速分布与摩阻公式之间存在内在联系，因而由时均流速分布可以导出摩阻系数公式。

上面介绍的压力峰与摩阻系数的关系即式（9-75）：

$$\frac{\Delta P}{L} D = 4 f \rho \frac{U^2}{2} \tag{9-75}$$

并具有下式：

$$\tau_\omega = \frac{D \Delta P}{4L} \tag{9-76}$$

由于摩阻流速的定义为：

$$u_\omega = \sqrt{\tau_\omega / \rho} \tag{9-77}$$

则由式（9-75）~式（9-77）得：

$$f = 2 \left(\frac{u_\omega}{U} \right)^2 \tag{9-78}$$

普朗特时均流速分布式（9-69）可以写作：

$$\frac{\bar{u}}{u_\omega} = \frac{1}{k}\ln\frac{u_\omega y\rho}{\eta} + B \tag{9-79}$$

式中，$B = \alpha - \frac{1}{k}\ln\alpha$。将上式积分则可得出断面平均流速 U。由于式（9-77）在 $y=0$ 时给出负无穷大，故积分时只能从 $y=\varepsilon$ 积到管心，然后再取 $\varepsilon\to 0$ 的极限，即：

$$\frac{U}{u_\omega} = \frac{1}{\pi R^2}\lim_{\varepsilon\to 0}\int_\varepsilon^R\left[\frac{1}{k}\ln\left(\frac{u_\omega y\rho}{\eta}\right) + B\right]2\pi(R - y)\mathrm{d}y$$

得

$$\frac{U}{u_\omega} = \frac{1}{k}\ln\left(\frac{u_\omega y\rho}{\eta}\right) - \frac{3}{2k} + B \tag{9-80}$$

式中，系数如按式（9-70）确定，则：

$$f = \frac{2}{\left[2.5\ln\left(\dfrac{u_\omega y\rho}{\eta}\right) + 1.75\right]^2} \tag{9-81}$$

可以导出摩阻雷诺数 $Re_\omega = \dfrac{u_\omega R\rho}{\eta}$ 与管道雷诺数 $Re = \dfrac{UD\rho}{\eta}$ 之间存在以下关系：

$$Re = 2\sqrt{\frac{2}{f}}\,Re_\omega \tag{9-82}$$

代入式（9-81）得：

$$f = \frac{2}{\left[2.5\ln\left(\dfrac{UD\rho}{\eta}\sqrt{f}\right) - 0.85\right]^2} \tag{9-83}$$

或

$$f = \frac{1}{\left[1.439\log\left(\dfrac{UD\rho}{\eta}\sqrt{f}\right) - 0.212\right]^2} \tag{9-84}$$

式（9-84）表明，以 $1/\sqrt{f}$ 为纵坐标，以 $\log\left(\dfrac{UD\rho}{\eta}\sqrt{f}\right)$ 为横坐标，则式（9-84）表现为一直线。

式（9-84）称为普朗特通用摩阻定律，其适用范围为 $Re = 4\times 10^3 \sim 3.4\times 10^6$。与式（9-84）类似的卡曼（Karman）方程为：

$$f = \frac{1}{\left[4.0\log\left(\dfrac{UD\rho}{\eta}\sqrt{f}\right) - 0.40\right]^{1/2}} \tag{9-85}$$

上述公式是光滑管道的摩阻系数公式，但从实用角度来讲，关于粗糙管的摩阻系数计算更为重要。

将尼库拉兹粗糙区时均流速分布式（9-72）沿圆管面积积分可以得出断面平均流速，即：

$$\frac{U}{u_\omega} = \frac{1}{\pi R^2} \lim_{\varepsilon \to 0} \int_\varepsilon^R \left[2.5\ln\left(\frac{y}{\Delta}\right) + 8.48 \right] 2\pi(R - y)\mathrm{d}y$$

积分后得：

$$\frac{U}{u_\omega} = 2.5\ln\frac{R}{\Delta} + 4.73 \tag{9-86}$$

考虑式（9-78），得：

$$f = \frac{2}{\left[2.5\ln\dfrac{R}{\Delta} + 4.73 \right]^2}$$

或

$$f = \frac{1}{\left[\log\dfrac{R}{\Delta} + 0.836 \right]^2} \tag{9-87}$$

上式表明，摩擦系数与流速或雷诺数无关。尼库拉兹根据阻力实验数据将上式中系数略做修正后得：

$$f = \frac{1}{\left[\log\dfrac{R}{\Delta} + 0.87 \right]^2} \tag{9-88}$$

摩阻系数由光滑区向粗糙区的变化规律如图 9-7 所示。该图由尼库拉兹试验资料得到，可以看出，当 $\log\dfrac{u_\omega\Delta}{\gamma} < 0.55$ 或 $\dfrac{u_\omega\Delta}{\gamma} < 1.85$。

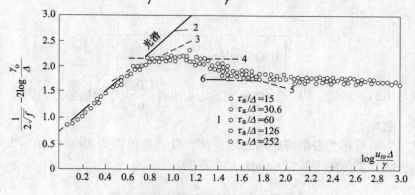

图 9-7　紊流合流区的阻力规律

1—尼库拉兹试验资料；2—光滑区公式；3—过渡区公式；4—过渡区公式；5—过渡区公式；6—粗糙区公式

（图中 γ_0 与 R 意义同，即管半径）

思考与练习题

9-1 矿浆在管道中流动的时候，影响其流型、雷诺数的因素有哪些？

9-2 矿浆输运过程中，管内剪切应力与压力降的关系是怎样的？

9-3 对圆管而言，牛顿流体与非牛顿流体在其间的流动有何区别？

9-4 矿浆在圆管中紊流输运时候，如何计算摩擦阻力？

参 考 文 献

[1] F·A·霍兰德. 化工流体流动 [M]. 王绍亭，李功祥，译. 西安：西安交通大学出版社，1985.

[2] 窦国仁. 紊流力学 [M]. 北京：高等教育出版社，1987.

[3] G·W·戈威尔·K·阿济兹. 复杂混合物在管道中的流动 [M]. 权忠舆，译. 北京：石油工业出版社，1986.

[4] 杨小生，陈荩. 选矿流变学及其应用 [M]. 长沙：中南工业大学出版社，2000.

[5] 杨小生. 水煤浆管道运输测试方法及摩阻计算的研究 [D]. 北京：中国矿业大学（北京），1991.

[6] 钱宁，万兆惠. 泥沙运动力学 [M]. 北京：科学出版社，1993.